《我当建筑工人》丛书

漫话我当砌筑工

本社 编

中国建筑工业出版社

图书在版编目(CIP)数据

漫话我当砌筑工/中国建筑工业出版社编. —北京：中国建筑工业出版社，2011.9
《我当建筑工人》丛书
ISBN 978-7-112-13410-6

Ⅰ. ①漫… Ⅱ. ①中… Ⅲ. ①砌筑—工程施工—图解 Ⅳ. ①TU754.1-64

中国版本图书馆CIP数据核字（2011）第141497号

《我当建筑工人》丛书

漫话我当砌筑工

本社　编

*

中国建筑工业出版社出版、发行（北京西郊百万庄）
各地新华书店、建筑书店经销
北京风采怡然图文设计制作中心制版
北京建筑工业印刷厂印刷

*

开本：787×1092毫米　1/32　印张：3½　字数：78千字
2011年12月第一版　2011年12月第一次印刷
定价：10.00元
ISBN 978-7-112-13410-6
(21145)

内容提要

《我当建筑工人》丛书，是专门为培训农民工建筑工人编写绘制，是一套用漫画的形式解说建筑施工技术的基础知识和技能的图书；是一套以图为主、图文并茂的建筑施工技术图解式图书；是一套农民工学习建筑施工技术的入门图书；是一套通俗易懂，简明易学的口袋式图书。

农民工通过阅读丛书，努力学习并勤于实践，既可以由表及里，培养学习建筑施工技术的兴趣，又可以由浅入深，深入学习建筑技术和知识，熟练掌握相应工种的基本技能，成为一名合格的建筑技术工人。

《漫话我当砌筑工》介绍了砌筑工的基础知识和基本技能，农民工通过学习本书，了解砌筑工的安全须知，学会砌筑工的入门技术，掌握砌筑工的基本技能，为当好砌筑工奠定扎实的基础。

本书读者对象主要为初中文化水平的农民工，也可以供建筑技术的培训机构作为培训初级砌筑工的入门教材。

责任编辑：曲汝铎
责任设计：李志立
责任校对：陈晶晶　刘　钰

编者的话

经过几年策划、编写和绘制，终于将《我当建筑工人》这套小丛书奉献给读者。

一、编写的意义和目的

为贯彻党中央、国务院在《关于做好农业和农村工作的意见》中“各地和有关部门要加强对农民工的职业技能培训，提高农民工的素质和就业能力”的要求；为配合住房和城乡建设部的建设职业技能培训和鉴定的中心工作；为搞好建筑工人，尤其是农民工的培训，将千百万农民工培养成为合格的建筑工人。为此，我们在广泛调查研究的基础上，结合农民工的文化程度和工作生活的实际情况，征询了广大农民工建筑工人的意见，了解采用漫画图书的形式，讲解建筑初级工的知识和技法，比较适合农民工学习和阅读。故此，我们专门组织相关人员编写和绘制这套漫画类的培训图书。

编写好本丛书的目的，是使文化基础知识较少的农民工通过自学和培训，学会建筑初级工的基本知识，掌握建筑初级工的基本技能，具备建筑初级工的基本素质。

提高以农民工为主体的建筑工人的职业素质，不仅是保证建筑产品质量、生产安全和行业发展问题，而且是一项具有全局性、战略性的工作。

二、编写的依据和内容

根据住房与城乡建设部《建设职工岗位培训初级工大纲》要求，本丛书以图为主，如同连环画一样，将大纲要求的内容，通过生动的图形表现出来。每个工种按初级工应知应会的要求，阐述了责任和义务，强调了安全注意事项，讲解了各工种所必须掌握的基础知识和技能技法。让农民工一看就懂，一看就明，一看就会，容易理解，易于掌握。

考虑到农民工的工作和生活条件，本丛书力求编成一套口袋式图书，既有趣味性和知识性，又有实用性和针对性；既要图文并茂、画面生动，又要动作准确、操作规范。农民工随身携带，在工作期间、休息之余，能插空阅读，边看边学，学会就用。

第一次编写完成的图书有《漫话我当抹灰工》、《漫话我当油漆工》、《漫话我当建筑木工》、《漫话我当混凝土工》、《漫话我当砌筑工》、《漫话我当架子工》、《漫话我当建筑电工》、《漫话我当钢筋工》和《漫话我当水暖工》。其他工种将根据农民工的需要另行编写。

三、编写的原则和方法

首先，从实际出发，要符合大多数农民工的实际情况。第五次全国人口普查资料显示，农村劳动力的平均受教育年限为7.33年，相当于初中一年级的文化程度。因此，我们把读者对象的文化要求定位为初中文化水平。

其次，突出重点，把握大纲的要求和精髓。抓住重点，做到画龙点睛、提纲挈领，使读者在最短的时间内，以不高的文化水准，就能理解初级工的技术要求。

第三，尽量采用简明通俗的语言，解释建筑施工的专业词汇，尽量避免使用晦涩难懂的技术术语。

最后，投入相当多的人力、物力和财力编写和绘制，对初级工的要求和应知应会，通过不多的文字和百余幅图画，尽可能简明、清晰地表述。

1．在大量调研的基础上，了解农民工的文化水平，了解农民工的学习要求，了解农民工的经济实力和阅读习惯，然后聘请将理论和实践相结合的专家，聘请与农民工朝夕相处，息息相关的技术人员编写图书的文字脚本。

2．聘请职业技术能手，根据脚本来完成实际操作，将分解动作拍摄成照片，作为绘画参考。

3．图画的制作人员依据文字和照片，完成图，再请脚本撰写者和职业技术能手审稿，反复修改，最终完成定稿。

四、编写的方法和尺度

目前，职业技术培训存在着教学内容、考核大纲、测试考题与现实生产情况不完全适应的问题，而职业技术培训的教材多是学校老师所编写。由于客观条件和主观意识所限，这些教材大多类同于普通的中等教育教材，文字太多，图画太少。对农民工这一读者群体针对性不强，使平均只有初中一年级文化程度的农民工很难看懂，不适合他们学习使用。因此，我们在编写此书时，注意了如下要点：

1．本丛书表述的内容，注重基础知识和技法，而并非最新技术和最新工艺。本丛书培训的对象是入门级的初级工，讲解传统工艺和基本做法，让他们掌握基础知识和技法，达到入门的要求，再逐步学习新技术和新工艺。

2．本丛书编写中注意与实际结合，例如，现代建筑木工的工作，主要是支护模板，而非传统的木工操作，但考虑到全国各地区的技术和生产发展水平差异较大，使农民工既能了解模板支护方面的知识和技能，又能掌握传统木工的知识和做法。故此，本丛书保留了木工的基础知识和技法。另如，《漫话我当架子工》中，考虑到全国各地的经济不平衡性和地区使用材料的差异，仍然保留了竹木脚手架的搭设技法和知识。

3．由于经济发展和技术发展的进度不同，发达地区和欠发达地区在技术、材料和机具的使用方面有很大的差异，考虑到经济的基础条件，考虑到基础知识的讲解，本丛书仍保留技术性能比较简单的机具和工具，而并非全是新技术和新机具。

五、最后的话

用漫画的形式表现建筑施工技术的内容是一种尝试，用漫画来具体表现操作技法，难度较大。一般说，建筑技术人员没有经过长期和专业的美术培训，难于用漫画准确地表现技术内容和操作动作；而美术人员对建筑技术生疏，尽管依据文字和图片画出的图稿，也很难准确地表达技术操作的要点。所以，要将美术表现和建筑技术有机地结合起来，圆满、准确地表达技术内容，难度更大。为此，建筑技术人员与绘画人员经过反复磨合和磋商，力图将图中操作人员的手指、劳动的姿态、运动的方向和力的表现尺度，尽量用图画准确表现，为此他们付出了辛勤的劳动。

尽管如此，由于本丛书是一种新的尝试，缺少经验可以借鉴。同时，限于作者的水平和条件，本书所表现的技术内容和操作技法还不很完善，也可能存在一些瑕疵，故恳请读者，特别是农民工朋友给予批评和指正，以便在本丛书再版时，予以补充和修正。

本丛书在编写过程中得到山东省新建集团公司、河北省第四建筑工程公司、河北省第二建筑工程公司，以及诸多专家、技术人员和农民工朋友的支持和帮助，在此，一并表示衷心的感谢。

《我当建筑工人》丛书编写人员名单

主　　编：曲汝铎

编写人员：史曰景　王英顺　高任清　耿贺明
周　滨　张永芳　王彦彬　侯永忠
史大林　陆晓英　闻凤敏　吕剑波
崔旭旺

漫画创作：风采怡然漫画工作室

艺术总监：王　峰

漫画绘制：王　峰　张晓鹿　田　宇　公　元

版式制作：邢　爽　张晓鹿

目 录

一、基本概述

1．什么是砌筑工

砌筑工是在建筑工地上从事手工砌筑黏土砖、混凝土空心砖、硅酸盐类砖、建筑砌块、建筑石材等的操作工人。

2. 怎样当好砌筑工

要当好一名砌筑工，要具有良好的职业道德和责任心，认真负责，刻苦耐劳，掌握砌筑工的安全操作要领，了解砌筑材料、砌筑砂浆的一般知识，正确使用各种砌筑工具和机具，还要能看懂一般建筑施工图纸。

二、安全生产和文明施工

1.安全施工的基本要求

（1）进入施工现场，禁止穿背心、短裤、拖鞋，必须戴好安全帽，穿胶底鞋或绝缘鞋。

（2）现场操作前，必须检查安全防护措施要齐备，并达到安全生产的要求。

（3）高空作业不准向上或向下抛扔材料、工具等物品，防止架子上、高梯上的材料、工具等物品坠落伤人，地面堆放管材要防止滚动伤人。

（4）交叉作业时，应特别注意安全。

（5）施工现场应按规定地点动火作业，应设专人看管火源，并设置消防器材。

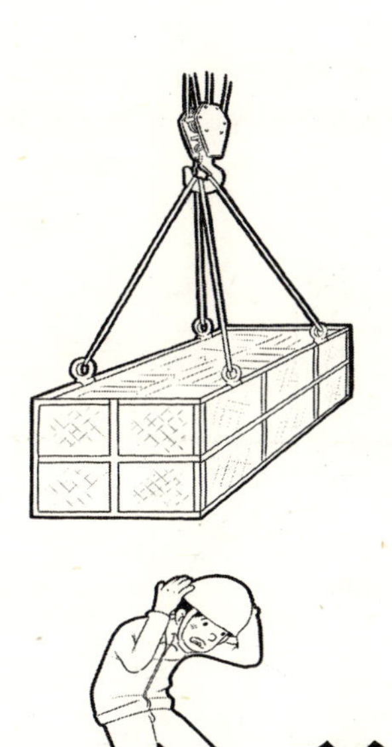

（6）各种机械设备要有安全防护装置，要按操作规程操作，应对机械设备经常检查、保养。

（7）吊装区域禁止非操作人员进入，吊装设备必须完好，吊臂、吊装物下严禁有人站立或通过。

（8）夜间在暗沟、槽、井内施工作业时，应有足够照明设备和通气孔口，行灯照明要有防护罩，应用36V以下安全电压，金属容器内的照明电压应为12V。

2. 生产工人的安全责任

(1) 认真学习，严格执行安全技术操作规程，自觉遵守安全生产各项规章制度。

(2) 积极参加安全教育，认真执行安全交底，不违章作业，服从安全人员指导。

(3) 发扬团结互助精神，互相提醒、互相监督，安全操作，对新工人应加强传授安全生产知识，维护安全设备和防护用具，并正确使用。

(4) 发生伤亡和未遂事故，要保护好现场，立刻上报。

3. 安全事故易发点

（1）下雨时，施工现场易发生淹溺、坍塌、坠落、雷击等意外事故，酷热天气露天作业易发生中暑，室内或金属容器内作业易造成昏晕和休克。

（2）工程竣工收尾阶段易发生事故，高空作业易发生坠落，深坑作业易发生坍塌事故，夜间施工，后半夜比前半夜易发生事故。

（3） 节假日、探亲假前后思想波动大，易发生事故，小工程和修补工程易发生事故。

（4） 新工人安全生产意识淡薄，好奇心强，往往忽视安全生产，易发生事故。

4．文明施工

（1） 施工现场要保持清洁，材料堆放整齐有序，无积水，要及时清运建筑垃圾和生活垃圾。

（2）施工现场严禁随地大小便，施工区、生活区划分明确。

（3）生活区内无积水，宿舍内外整洁、干净、通风良好，不许乱扔、乱倒杂物和垃圾。

（4）施工现场厕所要有专人负责清扫并设有灭蚊、灭蝇、灭蛆措施，粪池必须加盖。

（5）严格遵守各项管理制度，杜绝野蛮施工，爱护公物，及时回收零散材料。

（6）夜间施工严格控制噪声，做到不扰民，挖管沟作业时，尽量不影响交通。

5．砌筑工的安全须知

（1）在基槽边 1m 范围内堆料要符合规定，在架子上堆砖不得超过单行侧摆 3 层，丁头要朝外，同一根排木上不许放两个灰斗，严禁集中堆料。

（2）砖应预先浇水，不许在基槽边、架子上，大量浇水。

（3）垂直运输用的吊篮、滑车等吊装设备必须安全可靠，禁止超载吊运，发现问题及时检修。

(4) 及时清理运输道路上的零散材料、杂物，跨越沟槽运输应铺宽度 1.5m 以上的马道，在架子上运砖时，要向墙内一侧运。

(5) 基础槽砌筑前，要检查槽壁是否有坍塌危险，基础槽宽度小于 1m 时，应在一侧留出 400mm 砌筑操作宽度，不许踩踏或攀爬砌体。

(6) 砌筑高度超过 1.2m 时，应在脚手架上操作，不许站在墙顶上砌筑、勾缝、清扫或检查墙大角垂直度。

（7）上下脚手架要走扶梯或马道，严禁攀爬脚手架上下。

（8）下雨、下雪、6 级及以上大风等恶劣天气应停止施工。

三、基本知识

1.常用的砌筑材料

(1) 砌筑用砖

1)普通烧结砖：以黏土、页岩、煤矸石、粉煤灰为主要原料经烧制而成的普通砖。为保护耕地，黏土砖已经被限制或禁止使用，目前建筑工程大量采用空心砖和多孔砖。

2)硅酸盐类砖：包括蒸压灰砂砖、粉煤灰砖、煤渣砖、矿渣砖、煤矸石砖等。

它们都是以各自为主要原料，加入一定数量的其他材料，经坯料制备，压制成型，蒸压养护而成的实心砖。

黏土砖示意图

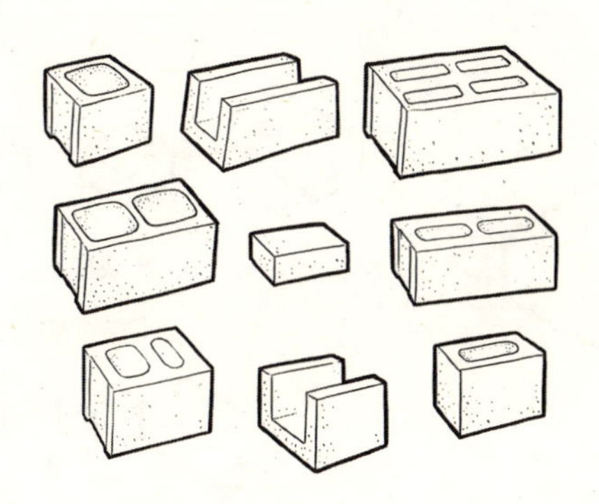

异形混凝土空心砖示意图

（2）砌筑砌块

砌筑砌块分为：粉煤灰硅酸盐砌块、普通混凝土小型空心砌块、蒸压加气混凝土砌块等。这些砌块的性能各不相同，要注意各自的使用特点。

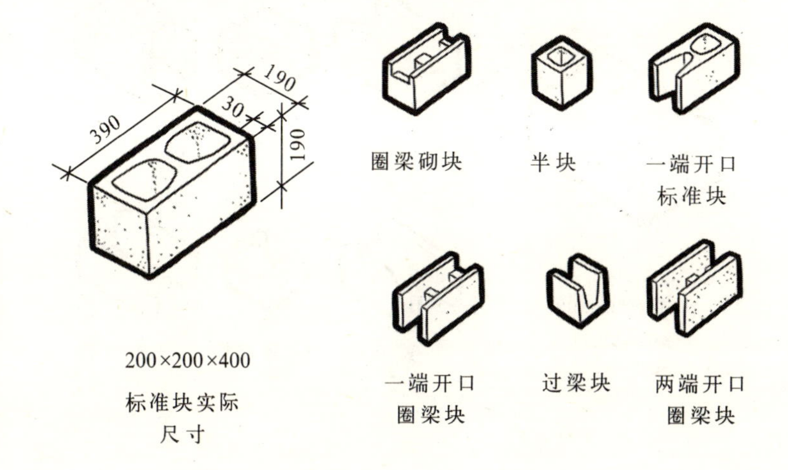

(a)

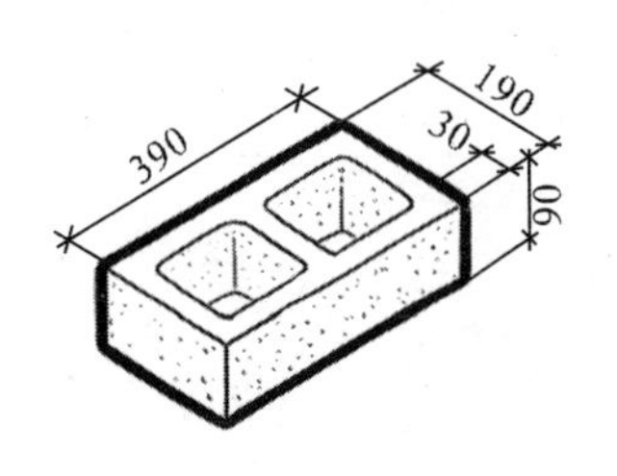

200×100×400
标准块实际
尺寸

圈梁砌块

半块

一端开口
标准块

一端开口
圈梁块

过梁块

(b)

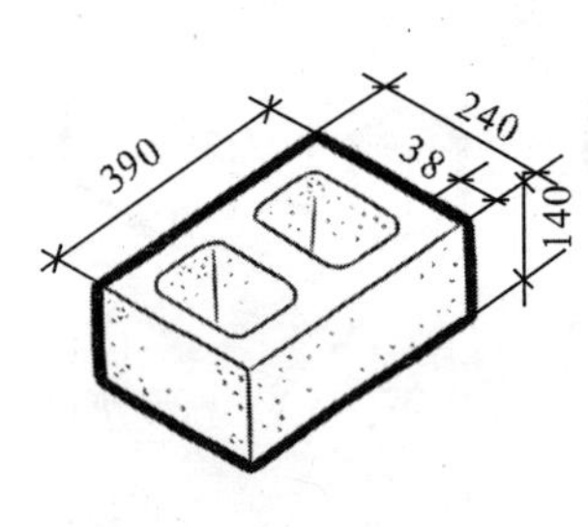

250×150×400
标准块实际
尺寸

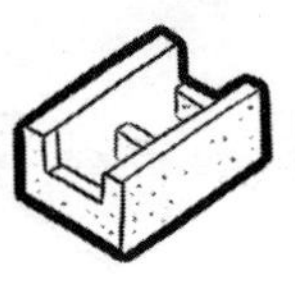

圈梁砌块

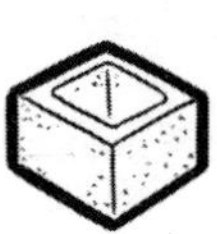

半块

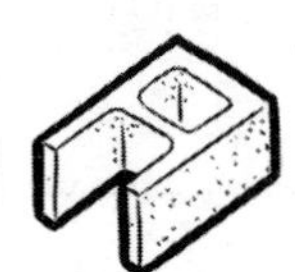

一端开口
标准块

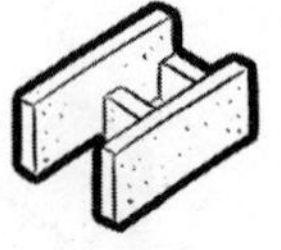

一端开口
圈梁块

过梁块

两端开口
圈梁块

(c)

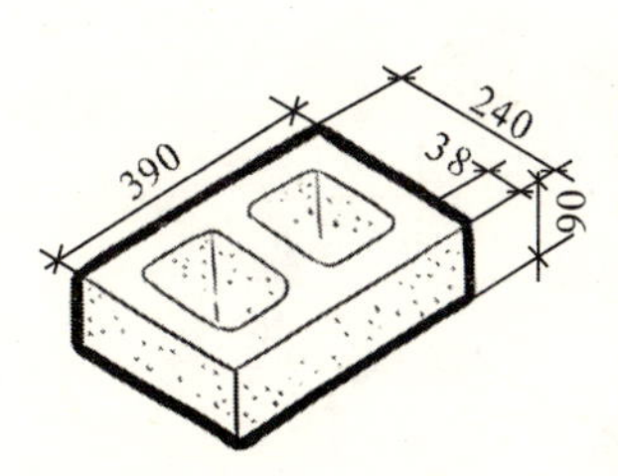

250×100×400
标准块实际
尺寸

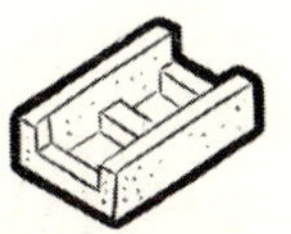

圈梁砌块

半块

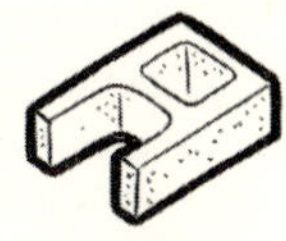

一端开口
标准块

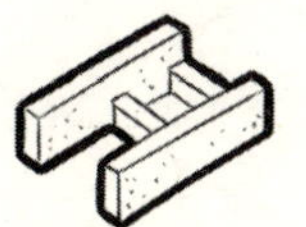

一端开口
圈梁块

过梁块

两端开口
圈梁块

(d)

砌块示意图

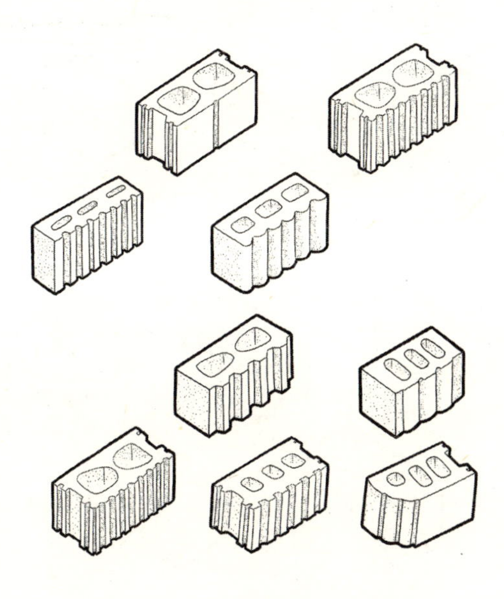

(a) 凹槽、肋条和圆柱条形砌块

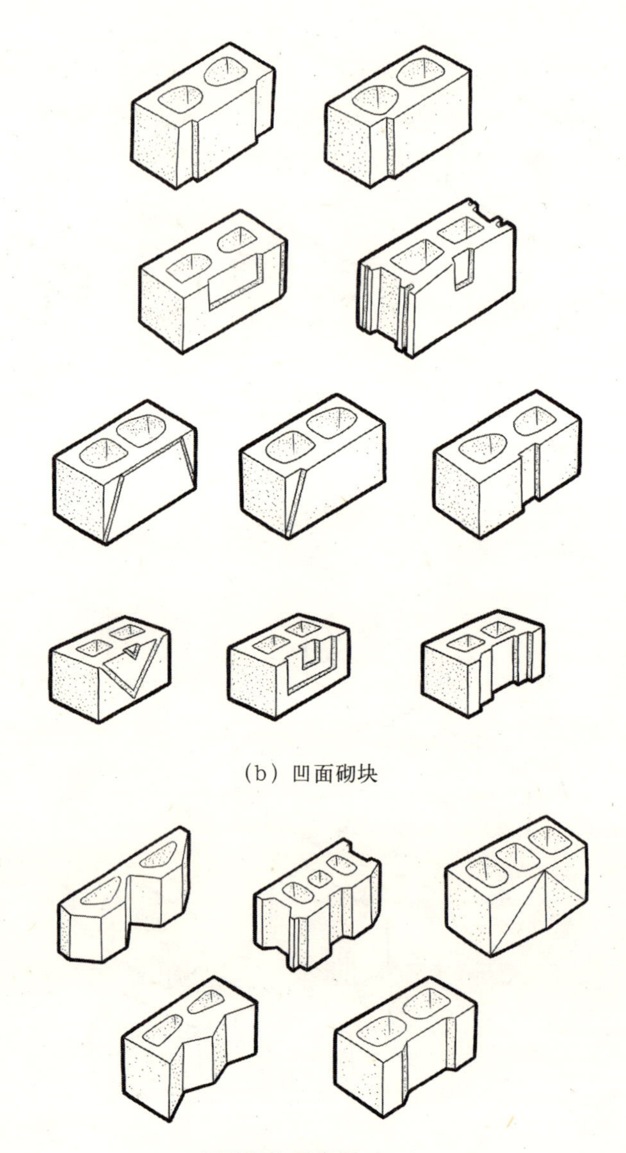

(b) 凹面砌块

异形砌块示意图（一）

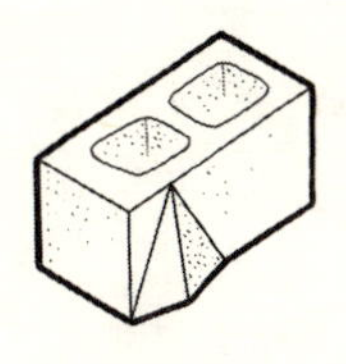

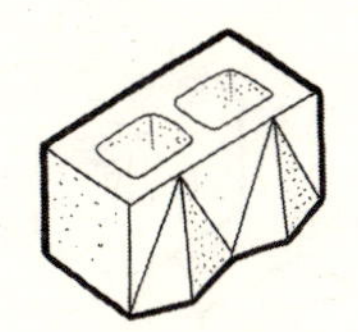

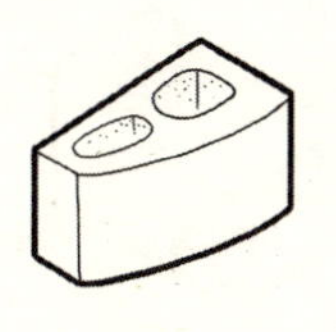

弧形

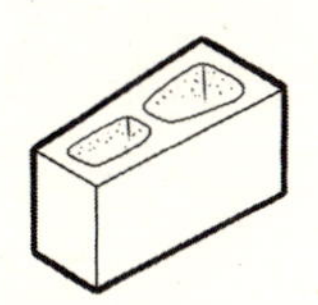

锥形

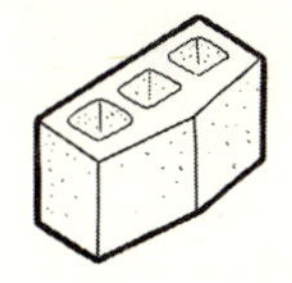

（c）曲面砌块

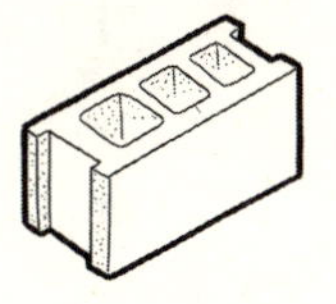

斜切边

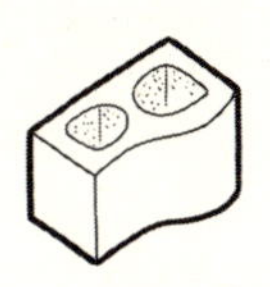

S形

异形砌块示意图（二）

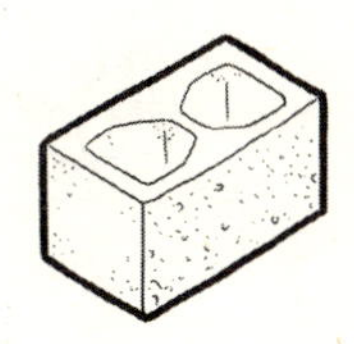

劈裂砌块

单槽劈裂砌块

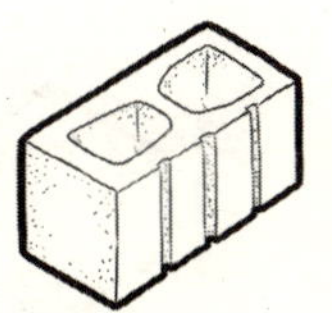

三槽劈裂砌块

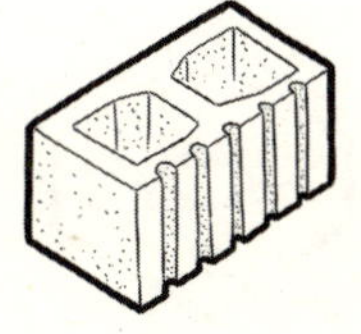

五槽劈裂砌块

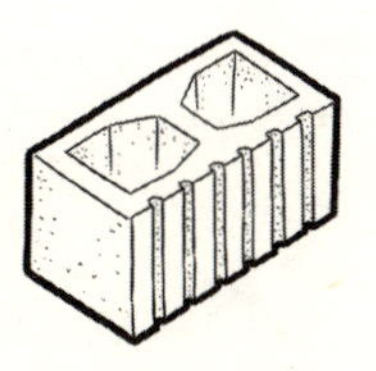

六槽劈裂砌块

劈裂砌块示意图（一）

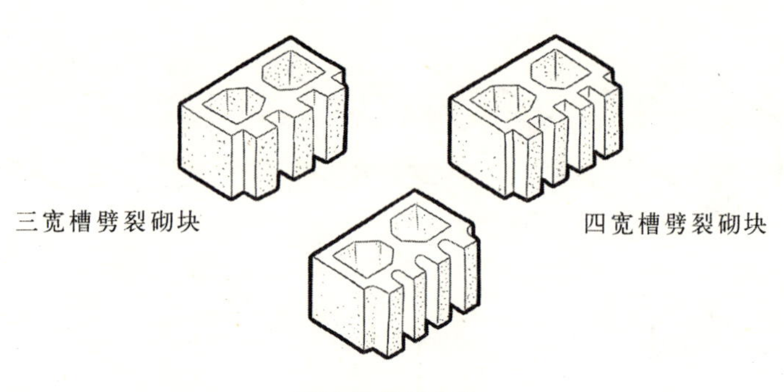

三宽槽劈裂砌块　　四宽槽劈裂砌块

四沟槽劈裂砌块

劈裂砌块示意图（二）

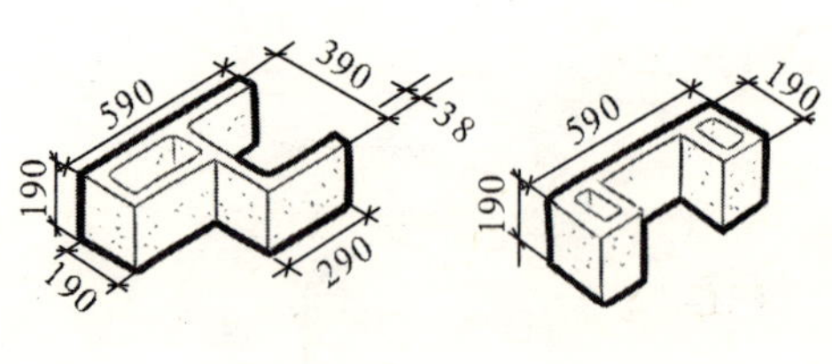

400 × 200 × 600
开口壁柱砌块

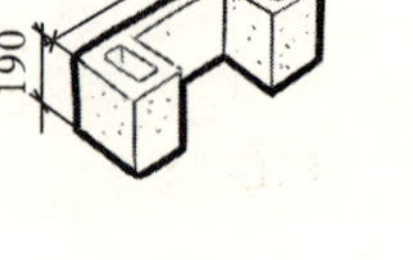

200 × 200 × 600
壁柱和柱砌块

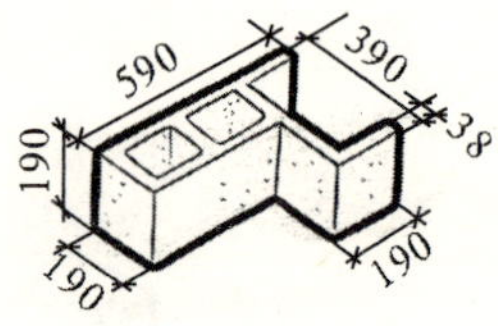

400 × 200 × 600
壁柱砌块

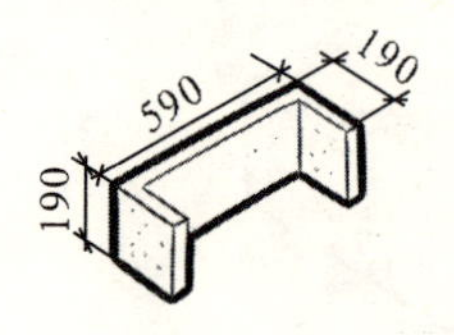

200 × 200 × 600
柱和壁柱砌块

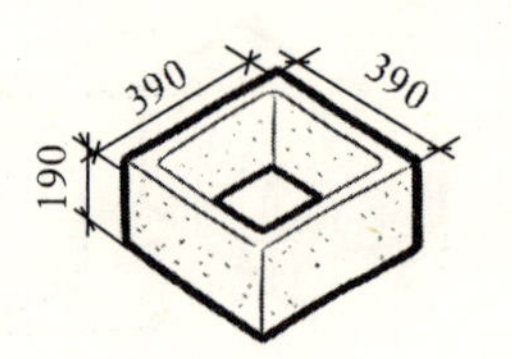

400 × 200 × 400
柱砌块

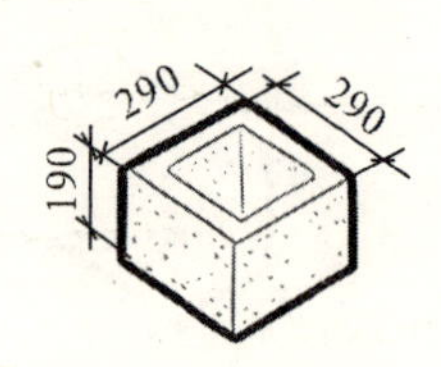

300 × 200 × 300
柱砌块

柱和壁柱砌块示意图（一）

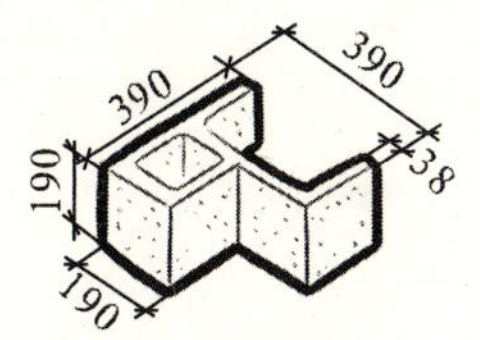

400 × 200 × 400
壁柱砌块

400 × 100 × 400
壁柱砌块

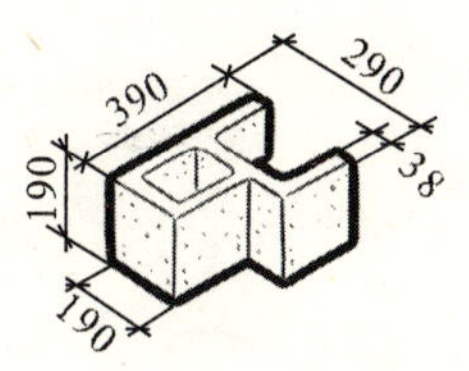

300 × 200 × 400
壁柱砌块

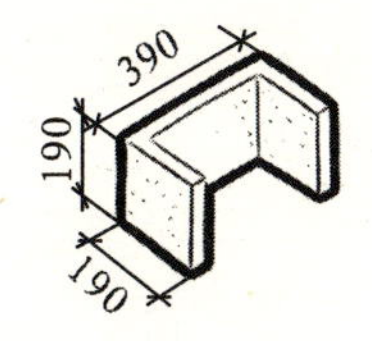

200 × 200 × 400
柱和壁柱砌块

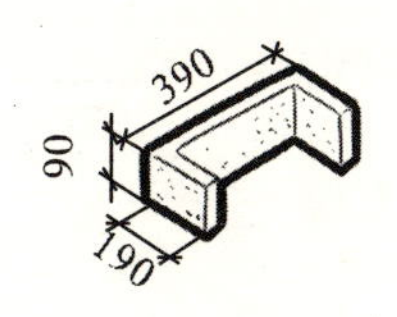

200 × 100 × 400
柱和壁柱砌块

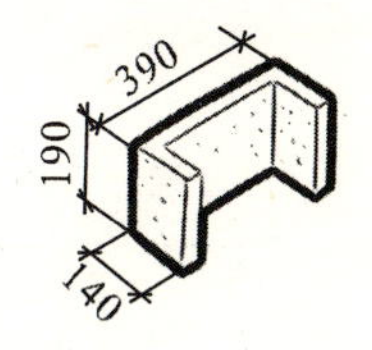

150 × 200 × 400
柱和壁柱砌块

柱和壁柱砌块示意图（二）

（3）砌筑砂浆

1）水泥砂浆是由水泥和砂子按一定比例混合搅拌而成，强度高，用于基础砌筑。

2）混合砂浆一般由水泥、石灰膏、砂子拌合而成，用于地面以上的砌体砌筑。

3）石灰砂浆是由石灰膏和砂子按一定比例搅拌而成。

砌筑砂浆材料示意图

（4）瓦

1）黏土平瓦是黏土加水搅拌压制成型晾干，送入窑中焙烧而成。

2）黏土小瓦俗称蝴蝶瓦、阴阳瓦、小青瓦，是我国传统的屋面材料。

3）脊瓦是与平瓦配合使用的黏土瓦，专门用于铺盖屋脊。

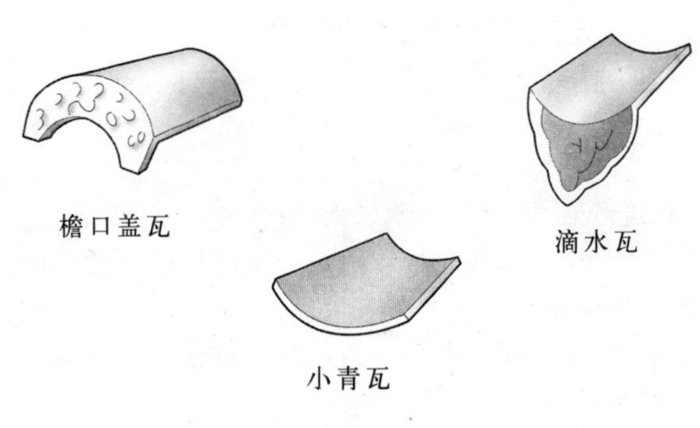

瓦式样示意图（一）

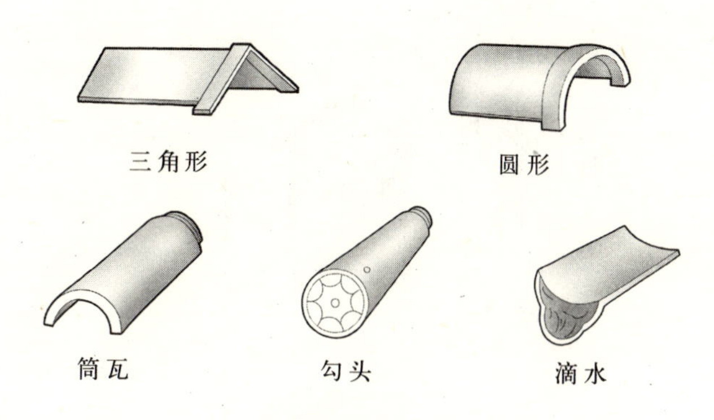

瓦式样示意图（二）

（5）新材料的发展应用

建筑材料在现代社会中发展很快，砌筑工的工作内容和范围也随着扩大，砌筑工要随时发现，不断学习，掌握新兴材料的运用。例如，目前有很多新兴的砌块材料，隔热保温的新兴墙体材料也很多，形成如舒乐舍板、泰柏板、GRC 板等很多类型的墙体。

保温外墙抹灰示意图

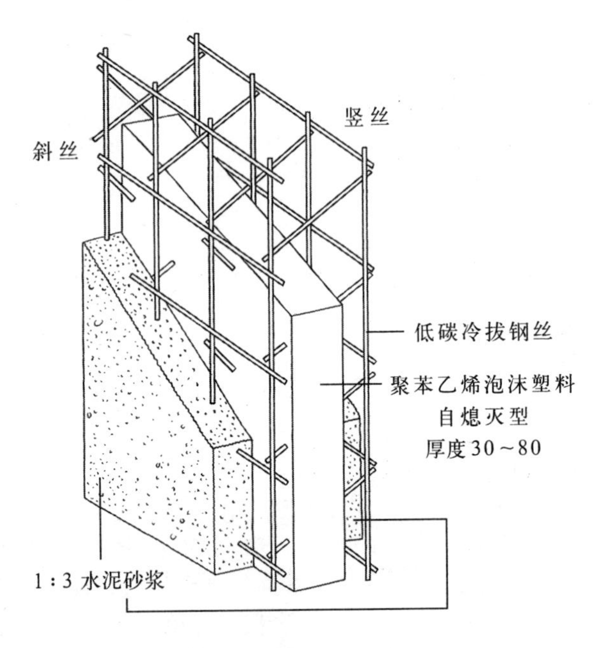

舒乐舍板示意图

2．砌筑工常用的工具

(1）常用工具种类

1）瓦刀，又叫砖刀：用于摊铺砂浆、砍削砖块和打灰条。

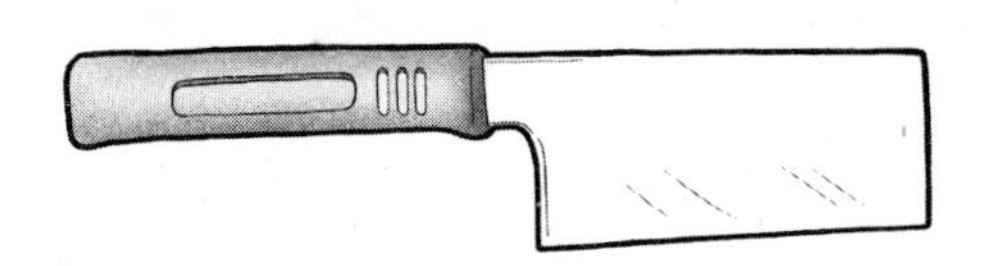

2）大铲：用于铲灰、铺灰和刮浆的工具。

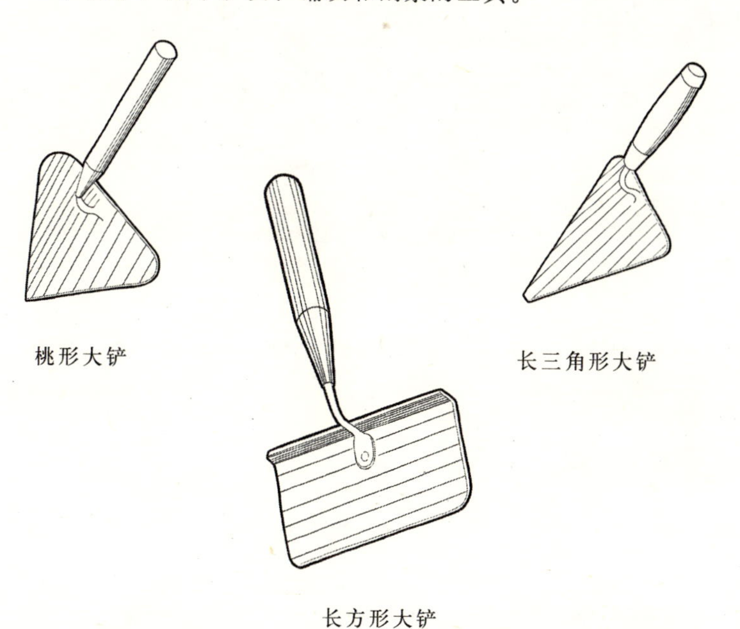

桃形大铲

长三角形大铲

长方形大铲

3）刨锛：用于砍砖、修墙的工具。

4）摊灰尺：放在墙上作为控制灰缝及铺砂浆用。

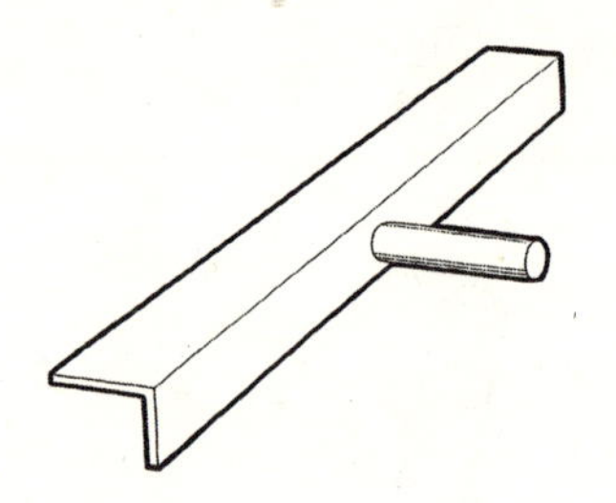

5）抿子：用于石头墙的抹缝和勾缝。

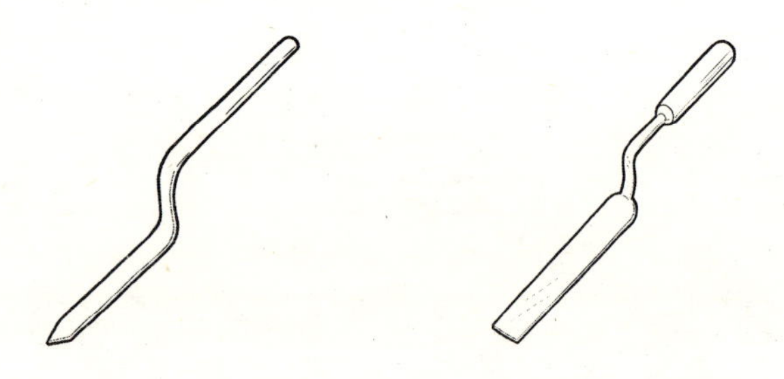

6）灰板：又叫托灰板，用于勾缝时承托砂浆。

7）溜子：又叫灰匙、勾缝刀，用于清水墙勾缝。

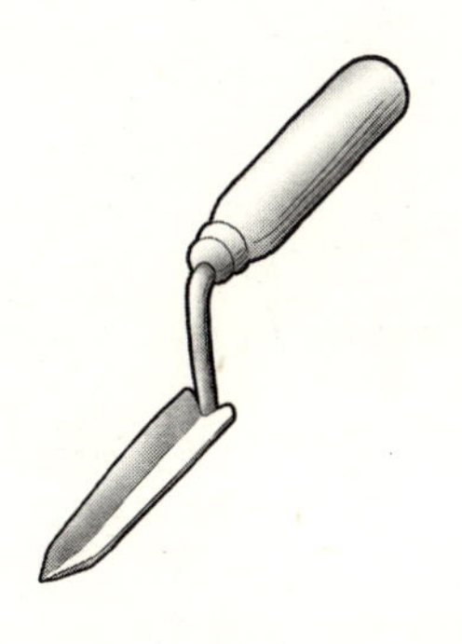

8）砖夹：是夹砖的工具，一次可以夹四块标准砖。

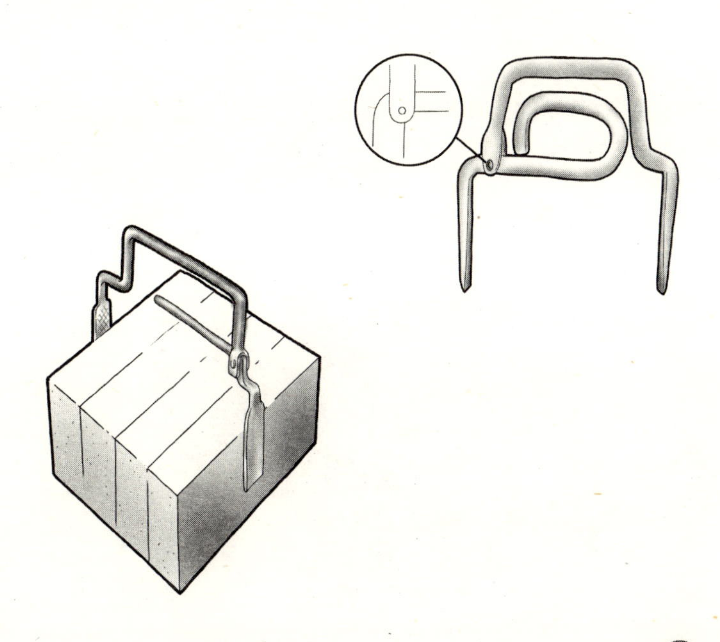

9）灰槽：有长方形钢板灰槽和圆形胶皮灰槽，存放砂浆用。

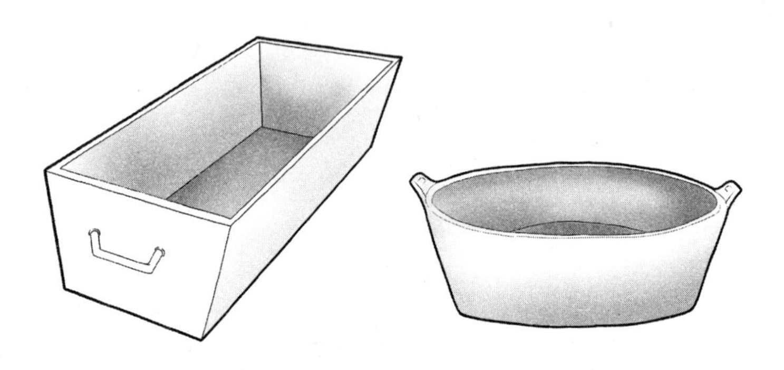

（2）质量检测及砌筑操作的工具

1）钢卷尺：用于砌筑墙体时测量尺寸。

2）托线板，又叫靠尺板：用于检查墙面垂直度和平整度，可以用木板自制，也有铝制品。

3）线坠：与托线板配合使用，作吊挂垂直度用。

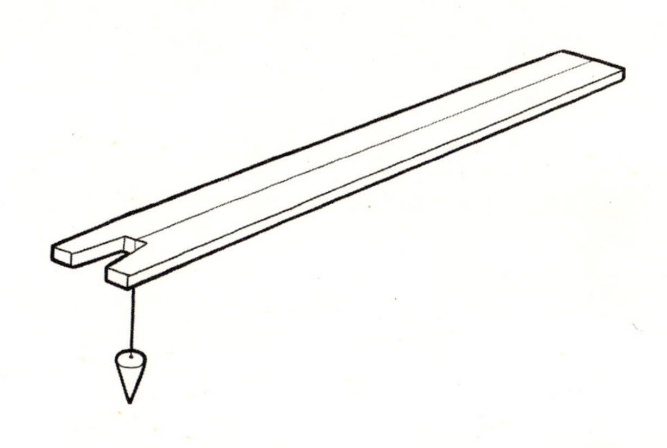

4）准线：砌墙时拉的细线，用于砌体砌筑拉水平用。

5）水平尺：用于检查砌体水平度和垂直度。

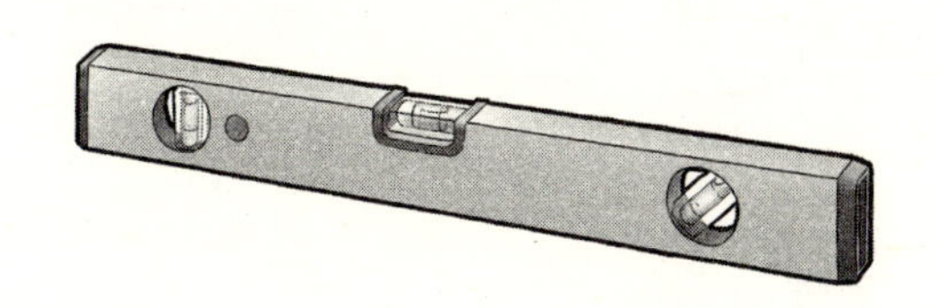

6）龙门板：是房屋定位放线后，砌筑时定轴线、中心线的标准。

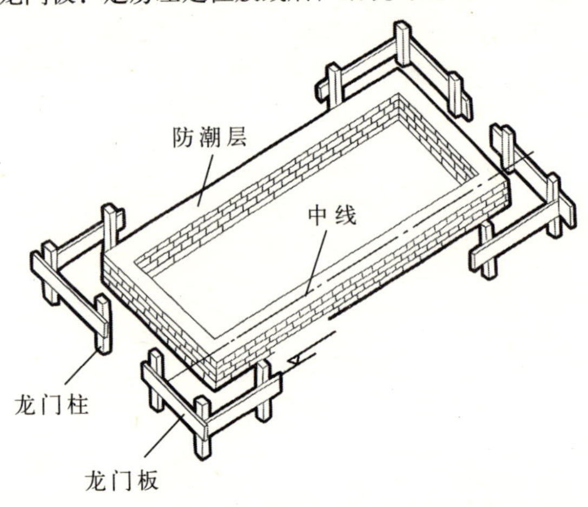

7）皮数杆：是砌筑砌体在高度方向的基准，是用来控制砌筑墙体各部位（构件、配件）的标高，并控制灰缝厚度的标准标杆。基础用皮数杆比较简单；±0.000以上的皮数杆，也叫做大皮数杆。皮数杆的数量和位置要根据房屋大小和平面复杂程度确定，一般要求转角处和施工段分界的地方设立皮数杆，皮数杆的间距要求不大于20m。

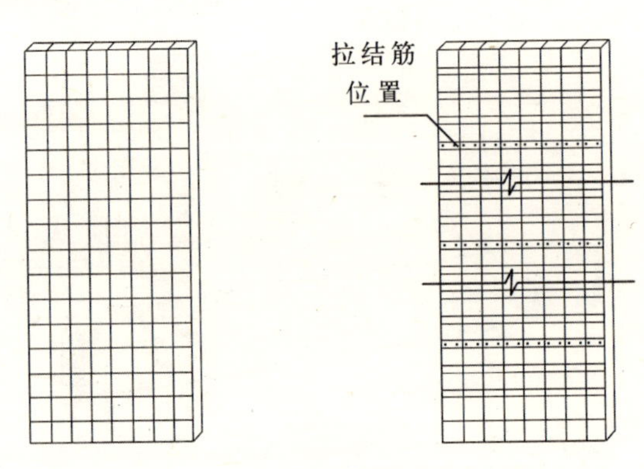

皮数杆示意图

画皮数杆的依据是把10块干砖摞在一起，用钢尺量出总厚度，用总厚度加上100mm再除以10，而后再减去单砖厚度就是灰缝厚度。

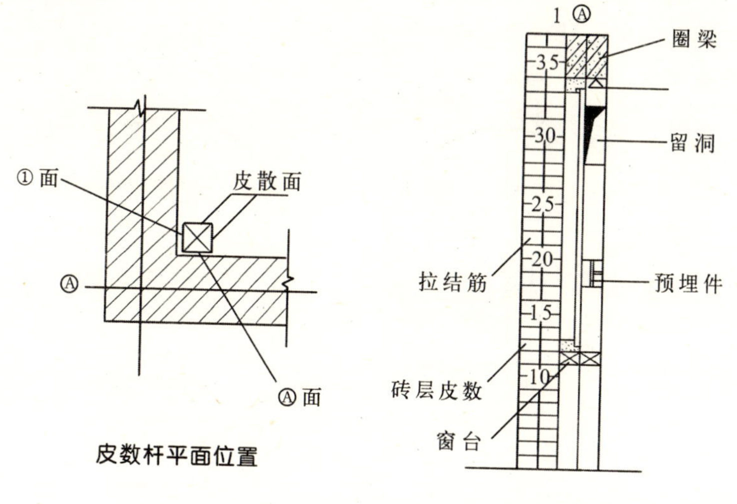

皮数杆平面位置

皮数杆展开图

皮数杆使用示意图

3．常用机械设备

工地常用机械设备有砂浆搅拌机、井架、龙门架、卷扬机、附壁式升降机和塔式起重机。这些设备一定要由经过培训的专人操作使用，砌筑工不要随意开动或者胡乱指挥，千万注意人身安全。

常用机械设备示意图

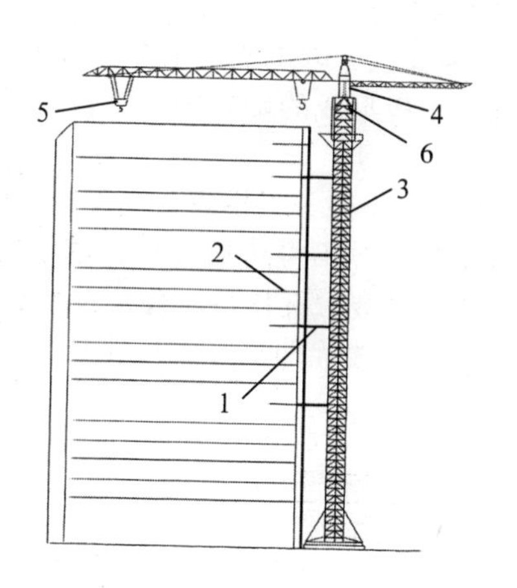

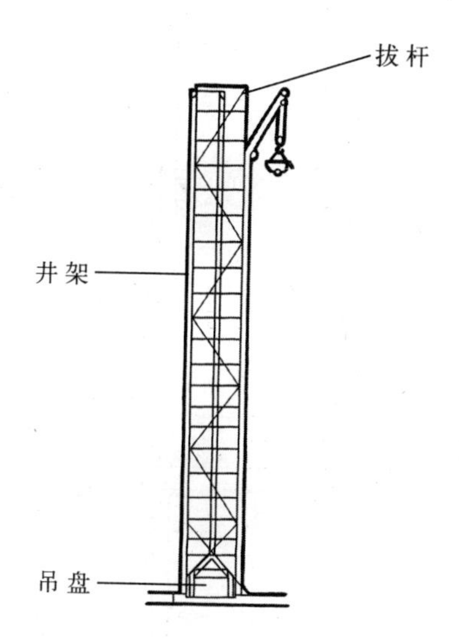

塔吊示意图

1 —撑杆；2 —建筑物；3 —标准节；4 —操作室；5 —起重小车；6 —顶升套架

4. 脚手架使用要点

脚手架目前多为钢管脚手架，也有竹、木脚手架，在架子上搭设一个满铺脚手板形成的砌砖操作平台，并用于堆放材料和砂浆。

脚手架必须由专业架子工搭设，上面所设的各类安全设施，如安全网和安全护栏等不得随便拆除。脚手架上堆砖不能超过立放3 层。砖和灰斗要分开摆放。脚手架上有霜雪要及时清扫。发现架子变形、偏斜要立即离开，停止使用，等加固改正以后再使用。

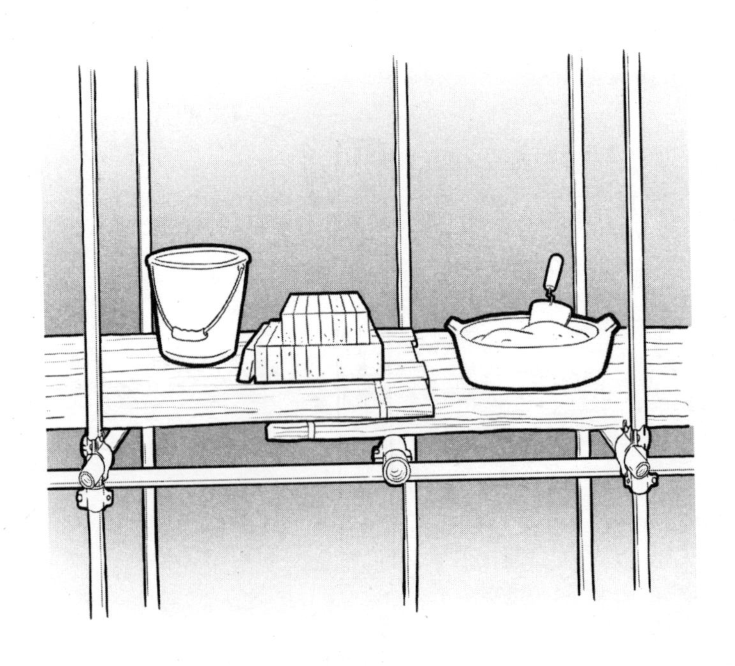

脚手架使用示意图

四、组砌方法

1.砖砌体的组砌原则

（1）砌体必须错缝

砖砌体是由一块一块的砖，利用砂浆填缝和粘结砌成墙体或是柱子。为保证整体结实，砖必须错缝搭接，咬合严密，使外力分散传递，见图(a)；如不错缝搭接，砌体会被压散，见图(b)。

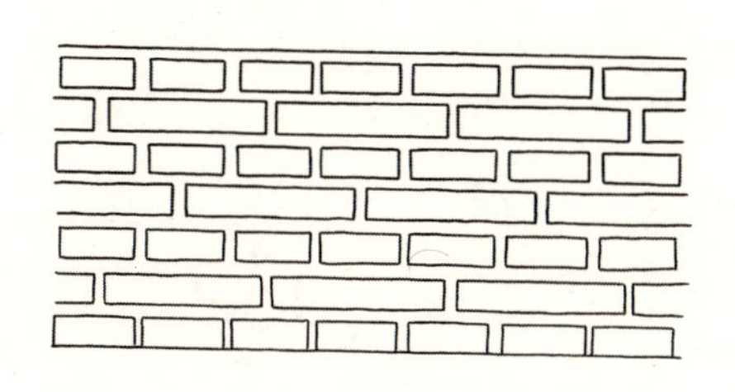

(a) 咬合错缝

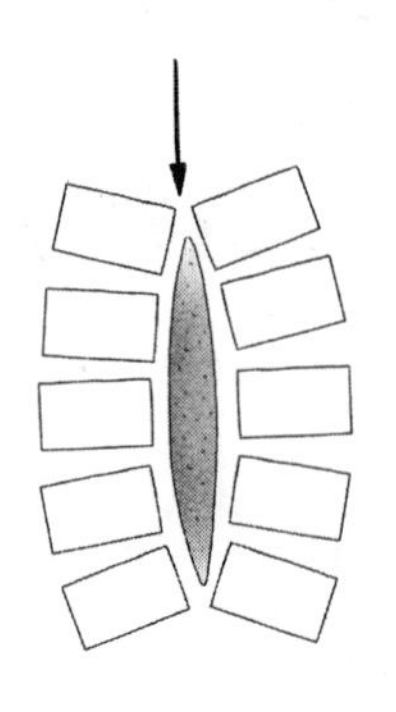

（b）不咬合缝

砖砌体组砌示意图

（2）控制水平灰缝厚度

砌体灰缝一般规定为10mm，大不能超过12mm，小不得小于8mm。

（3）墙体之间要接槎连接

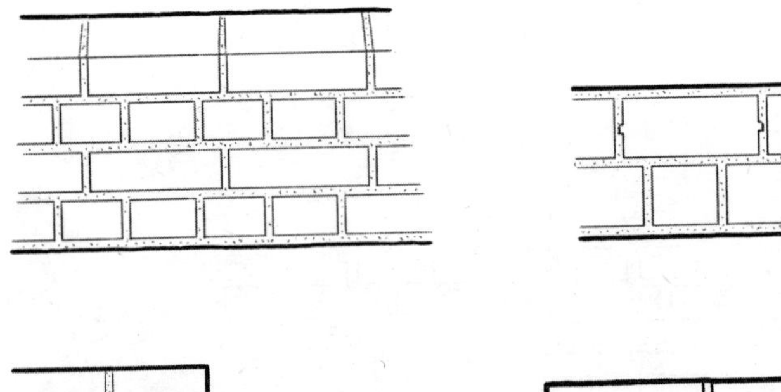

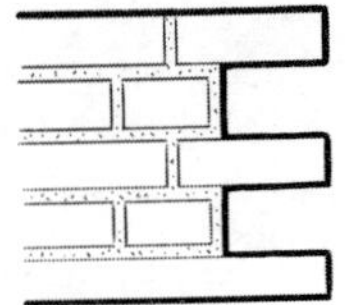

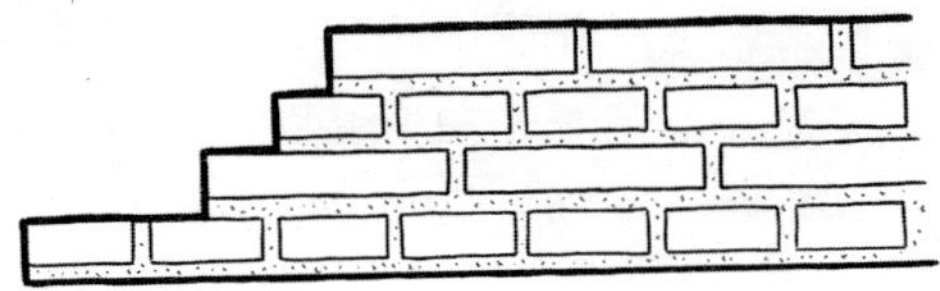

2. 墙体连接的接槎

墙体与墙体之间的连接牢固，才能保证房屋墙体的整体性。两道相接的墙体不能同时砌筑时，应在先砌的墙上留出接槎，也叫做留槎。后砌的墙体，要镶入接槎内，也叫做咬槎。留槎要留斜槎（又叫做踏步槎）或公槎，千万不能留母槎（又叫做阴槎）。

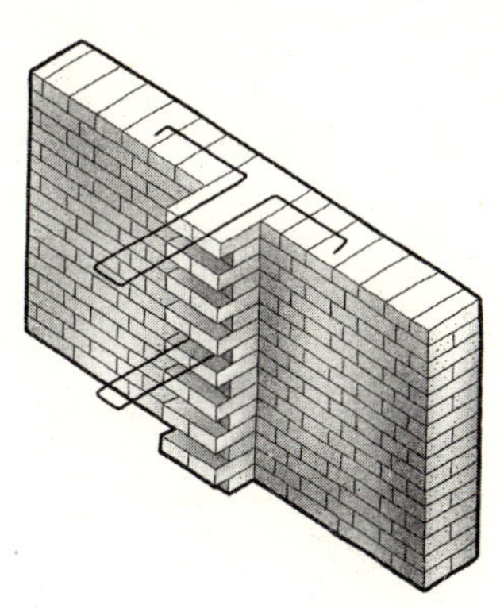

直槎砌筑示意图

斜槎砌筑示意图

3．砌体中砖位置的名称

砌上墙的砖，所处位置的名称，面向操作者的称呼见下面砖墙构造示意图。

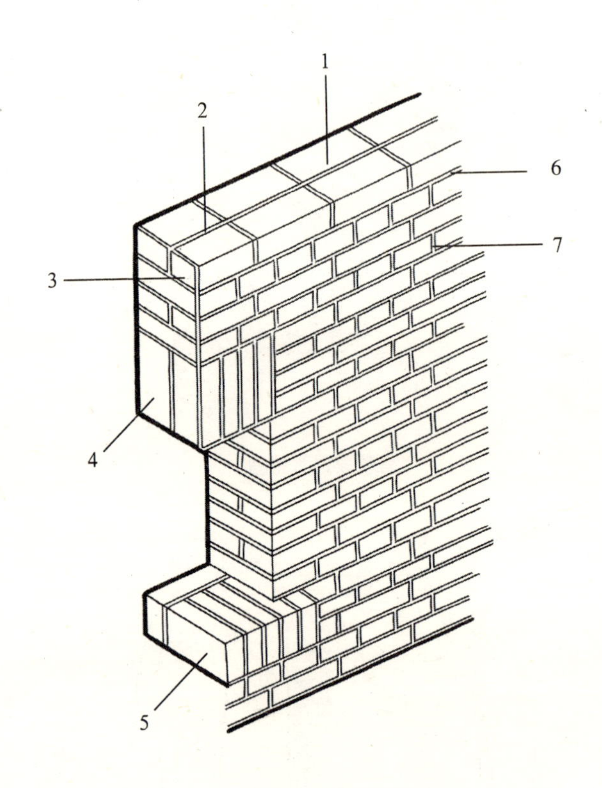

砖墙构造示意图

1 —顺砖；2 —花槽；3 —丁砖；4 —立砖；
5 —陡砖；6 —水平灰缝；7 —竖直灰缝

4．砌砖的方法

（1）一顺一丁砌法

这是一种好掌握的方法，也叫做满丁满条组砌法，上下灰缝错开四分之一的砖长。

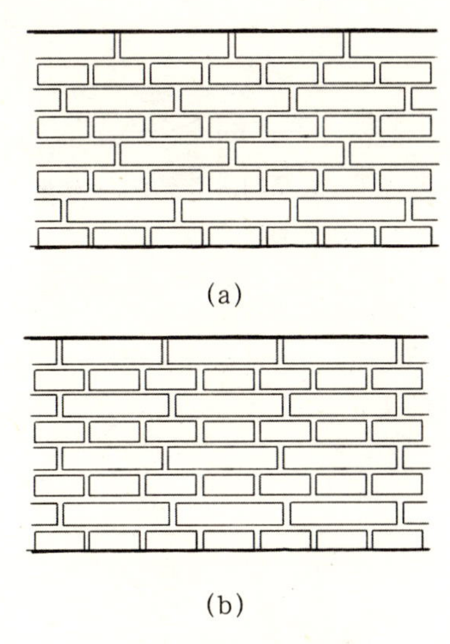

（a）

（b）

一顺一丁砌法示意图

（a）十字缝；（b）骑马缝

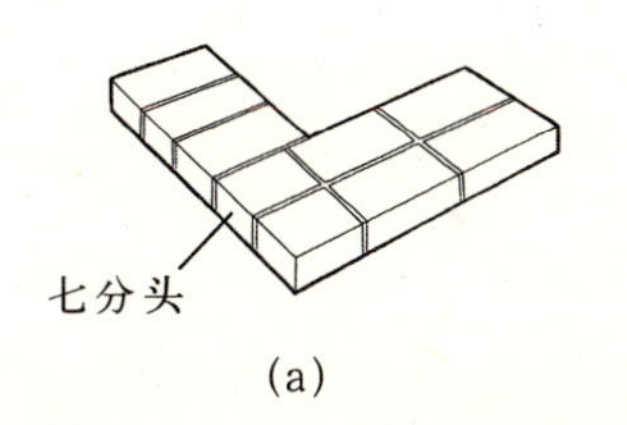

（a）

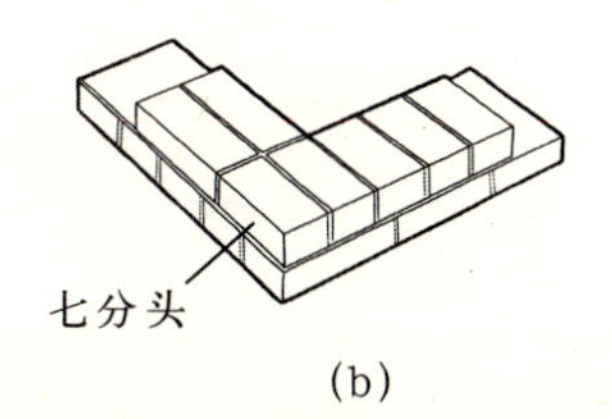

（b）

一顺一丁墙大角砌法示意图（一砖墙）

（a）单数层；（b）双数层

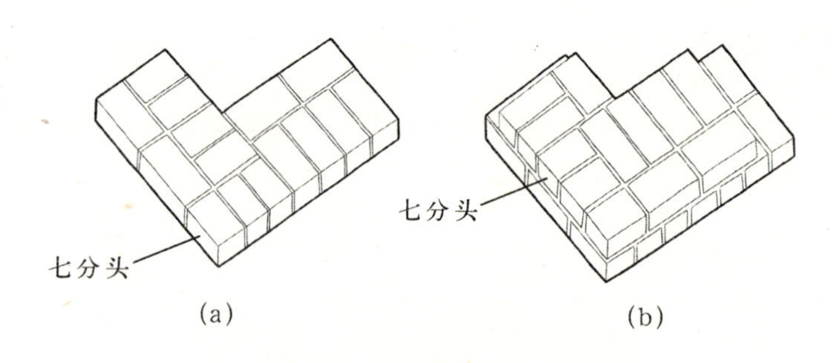

一顺一丁墙大角砌法示意图(一砖半墙)

(a) 单数层;(b) 双数层

七分头(约180mm长)就是砍掉砖的3/10,用这个七分头的砖来调整砖的搭接位置。

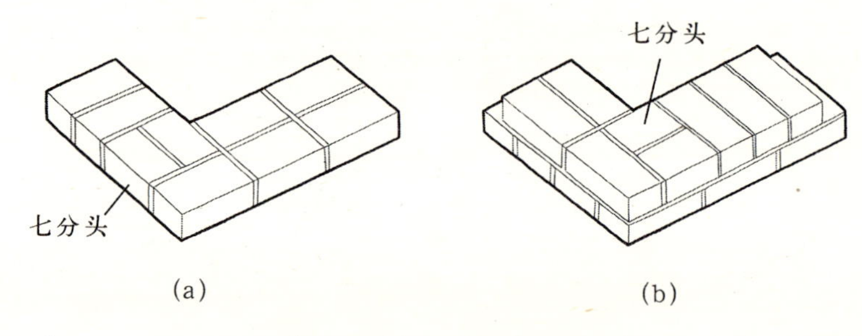

一顺一丁内七分头砌法示意图

(a) 单数层;(b) 双数层

(2)梅花丁砌法

又称为包式或十字式砌法,就是砖墙上采用两块顺砖夹一块丁砖的砌法。这种方法砖缝整齐、美观,适合清水外墙,但由于顺丁交替,工效比一顺一丁低。

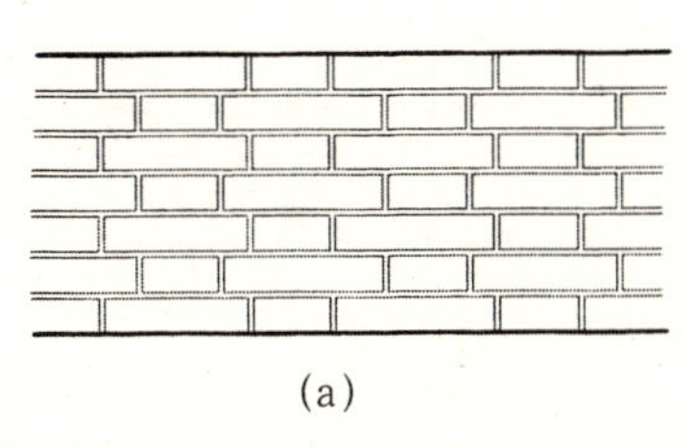

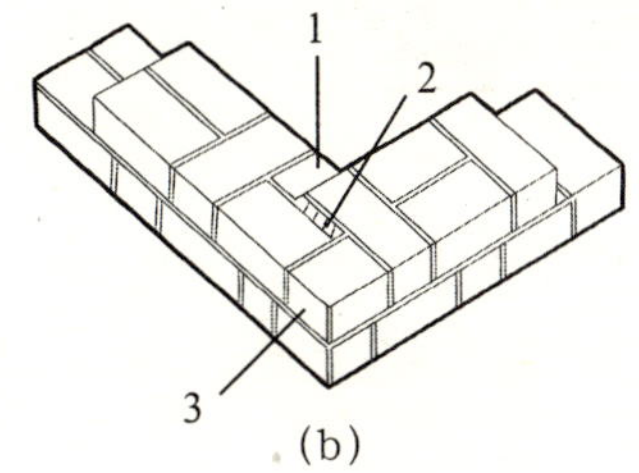

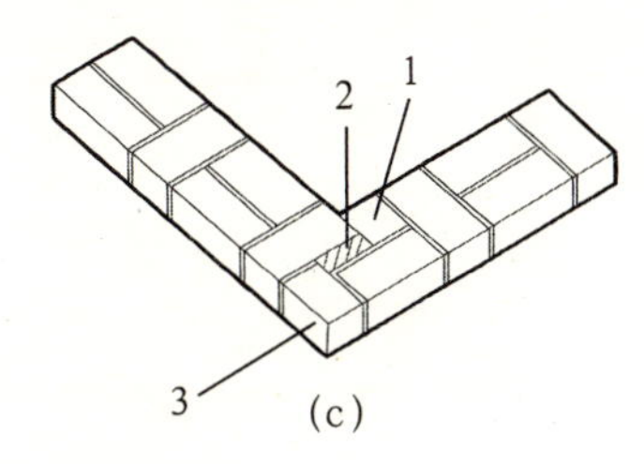

梅花丁和大角砌法示意

（a）梅花丁砌法；（b）双数层；（c）单数层

1 —半砖；2 —1／4 砖；3 —七分头

（3）三顺一丁砌法

是三皮全顺砖一皮全丁砖，适合一砖半以上的墙，这种砌法外墙美观，砌筑快，但整体性较差。

三顺一丁砌法示意图

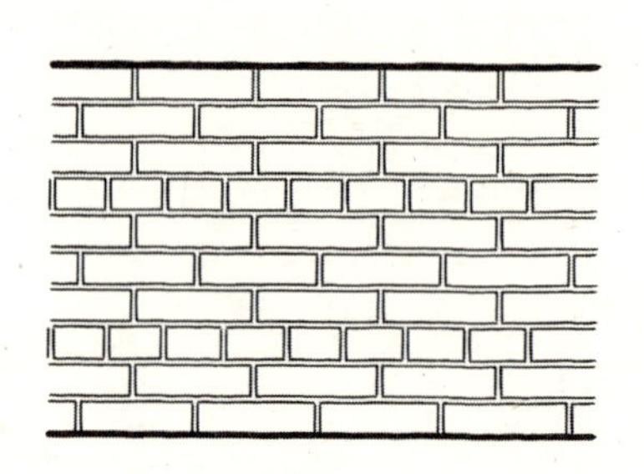

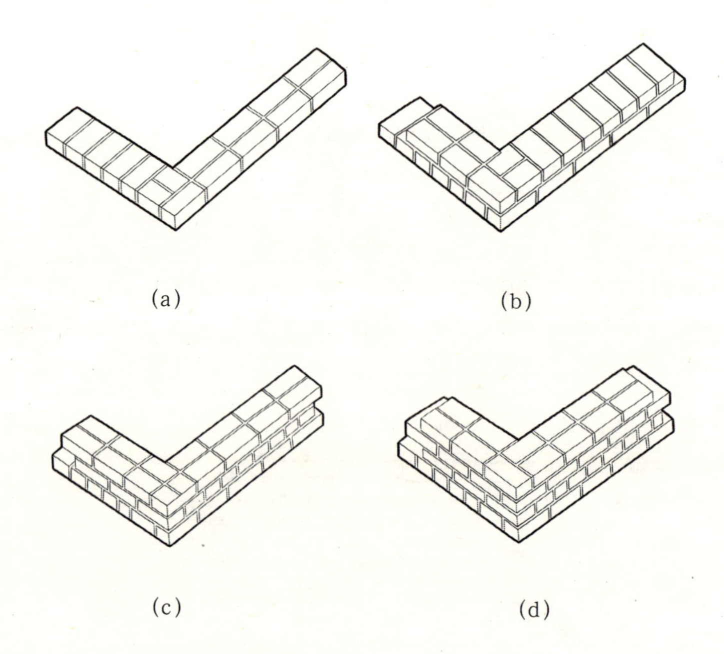

三顺一丁和大角砌法示意图

（a）第一皮；（b）第二皮；（c）第三皮；（d）第四皮（第五皮开使循环）

（4）全顺砌法

全部顺砖砌筑，错缝1/2，适合于砌半砖墙。

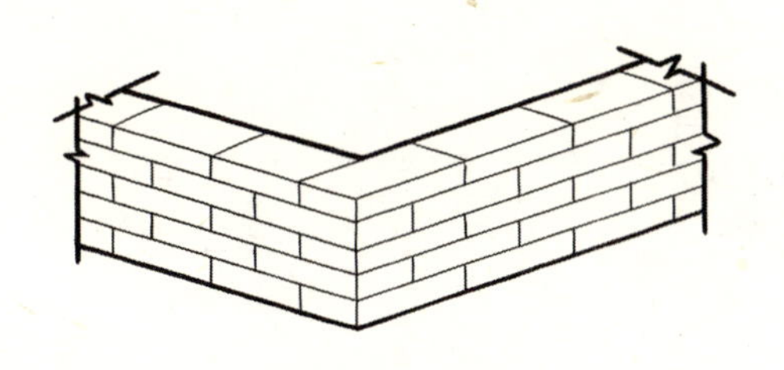

全顺砌法示意图

（5）全丁砌法

全部丁砖砌筑，错缝 1／4 砖长，适合砌烟囱、窨井等。

全丁砌法示意图

（6）二平一侧砌法

用二皮砖平砌，一皮砖侧砌，费工，但省砖，适合于180mm和300mm厚的墙。

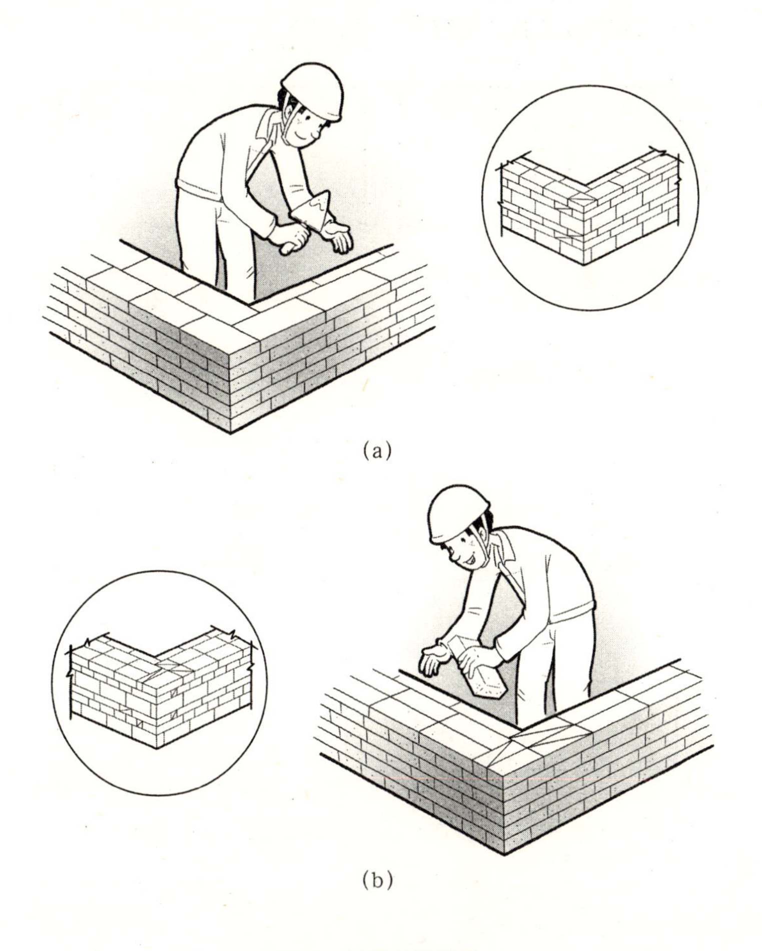

(a)

(b)

二平一侧砌法示意图

(a) 180mm 厚墙；(b) 300mm 厚墙

(7)矩形砖柱的组砌方法

砖柱是承重的，要格外认真。

1）各皮砖竖缝至少错开1/4砖长。

2）绝对不能用先砌四周砖后填心的做法。

3）每班砌筑高度不能超过1.8m。

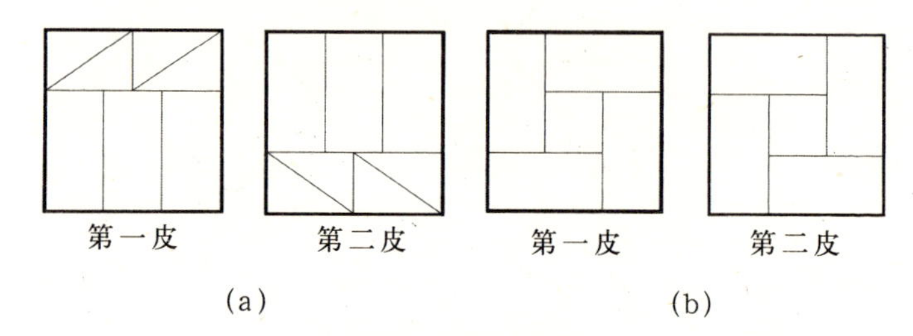

砖柱两种砌法比较

（a）正确砌法；（b）错误砌法即包心砌法

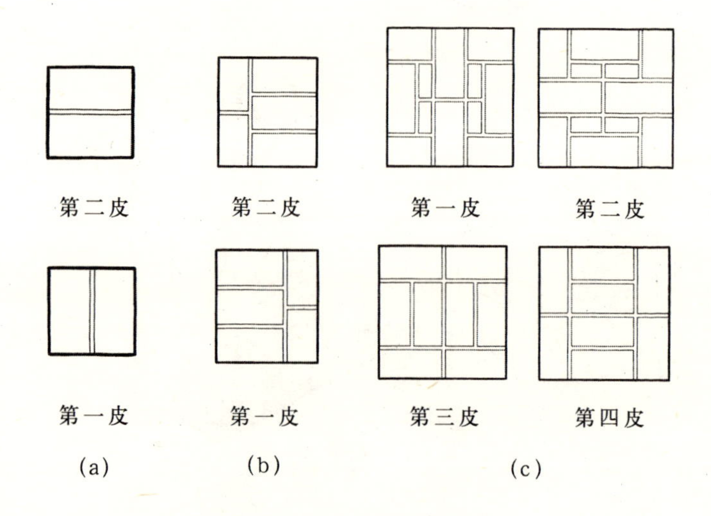

矩形独立柱砌筑形式示意图

(a) 240mm×240mm；(b) 365mm×365mm；(c) 490mm×490mm

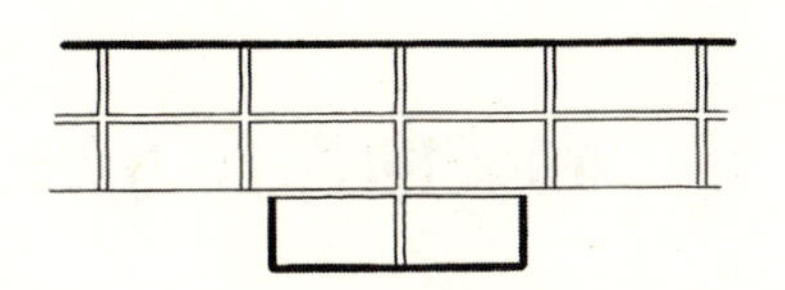

第一皮(第三皮同)

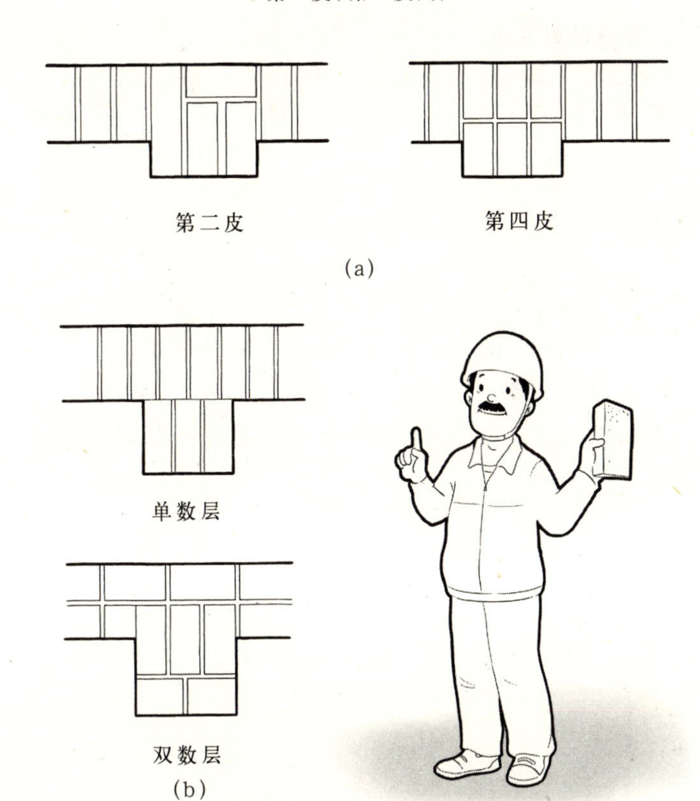

矩形附墙壁柱砌筑形示意图

(a) 240mm 厚墙附 120mm×365mm 砖柱；(b) 240mm 厚墙附 240mm×365mm 砖柱

五、砌砖的操作方法

1. 砌砖的基本功

砌砖需经取砖、铲灰、铺砖和揉挤砖三个动作来完成（也就是人们常说的“一块砖、一铲灰、一揉挤”的“三一”砌法）。

“三一”砌法示意图

①弯腰用右手工具勾起侧码砖的丁面（拿砖时，看好下一块砖，确定目标提高工效）；

②右手铲灰，左手拿起砖（同时工作，减少弯腰次数，降低劳动强度）；

③起身转身，右手灰，左手砖；

④铺灰，左手持砖，右手铺灰（铲上的灰拉长均匀地落在操作面上）；

⑤左手挤压，右手刮挤出的灰（左手砖在已砌好的砖30~40mm处平放揉一揉）；

⑥将右手刮下的余灰甩入竖缝（右手用大铲把挤出墙面的灰刮起）。

③

④

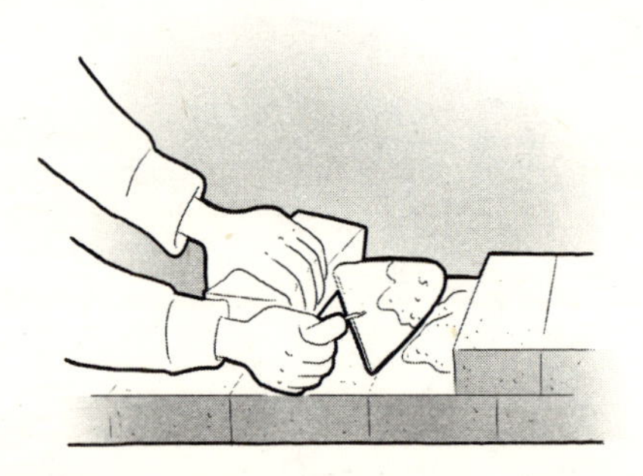

⑤

⑥

砌砖基本功示意图

2．砍砖的方法

（1）七分头砍砖

砍砖要挑选质量好的砖，声音清脆为好。标定砍凿部位，用刨锛或瓦刀划痕记，用力砍下。

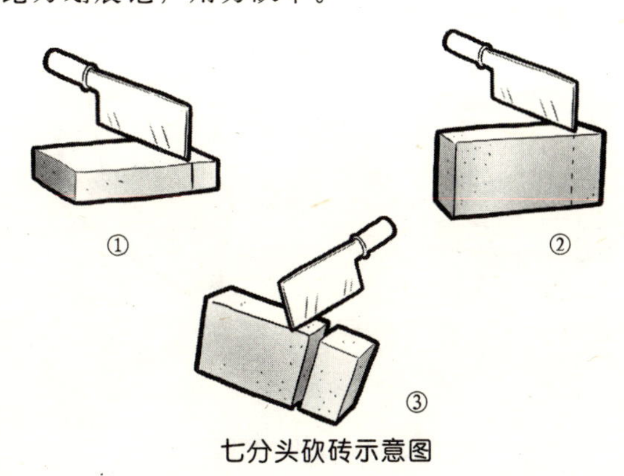

七分头砍砖示意图

（2）二分头砍砖

标定二分头砍凿部位痕记，用瓦刀砍开。

二分头砍砖示意图

3．瓦刀披灰法

瓦刀披灰法又叫做满刀披灰法或带刀灰法，是砌筑工入门的基本训练，用于手法锻炼。此法适合稠度大、黏性好的砂浆。

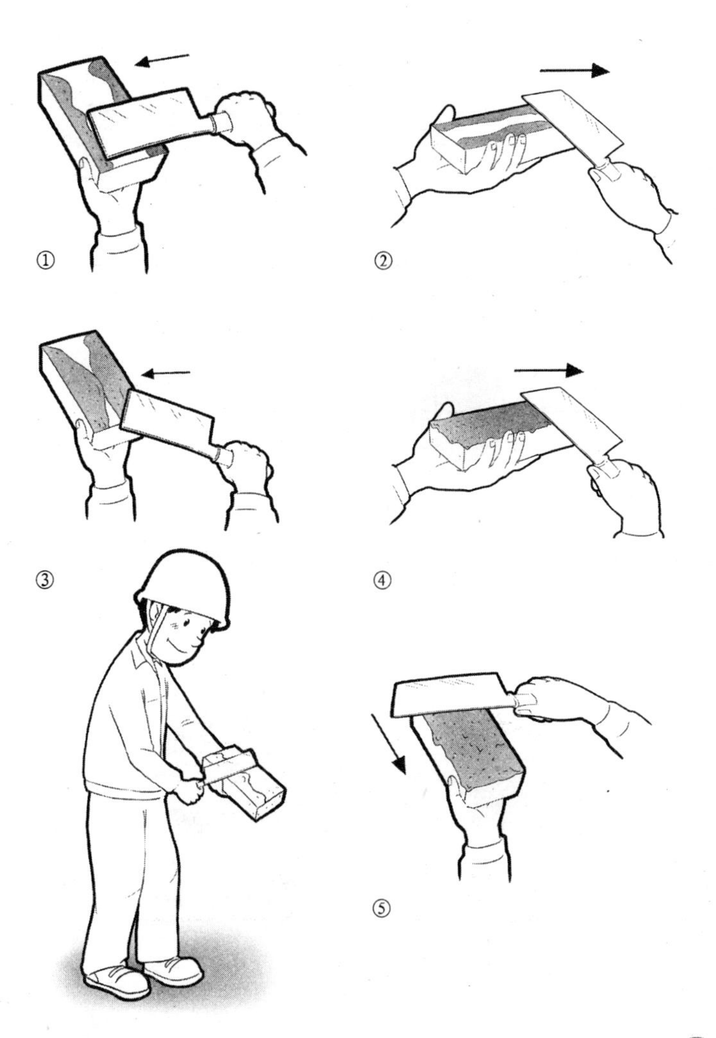

4．三顺一丁砌砖的步法

一般的步法：操作者背向前进方向，即退着往后，斜站成约0.8m的丁字步，以便随着砌筑步位的变化，取砖、铲灰时身体能转动灵活。

①

②

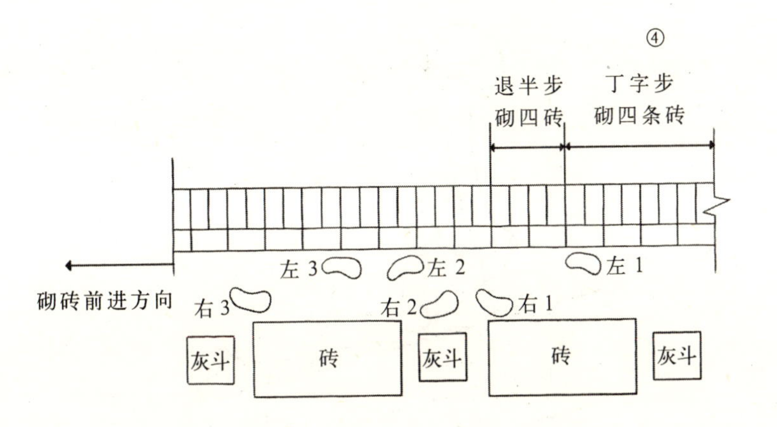

三顺一丁砌砖步法示意图

5．灰斗和砖安放的位置

灰斗和砖放置的位置应有利于砌砖操作。

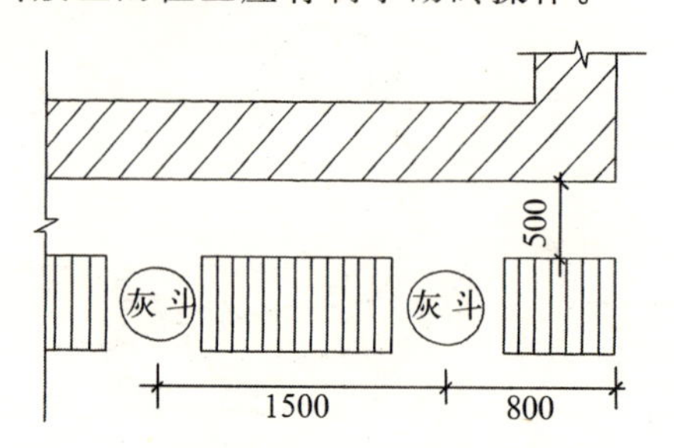

灰斗和砖安放位置示意图

6．三顺一丁砌筑的手法

（1）条砖正手甩浆

条砖正手甩浆示意图

（2）一带二条砖揉挤浆

一带二条砖揉挤浆示意图

（3）丁砖正手甩浆

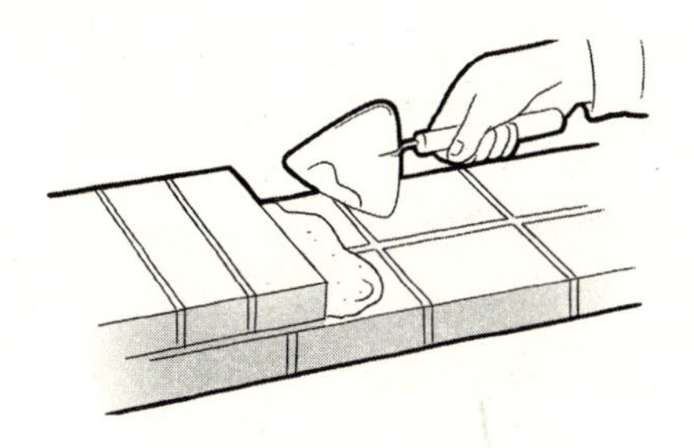

丁砖正手甩浆示意图

（4）丁砖一带二碰头灰揉挤浆

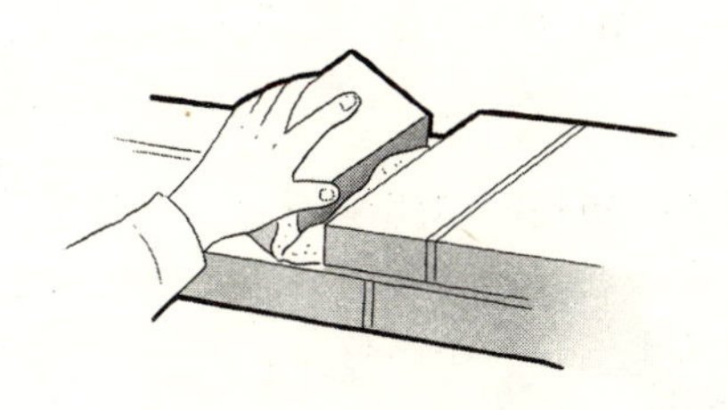

丁砖一带二碰头灰揉挤浆示意图

（5）丁砖反手甩浆

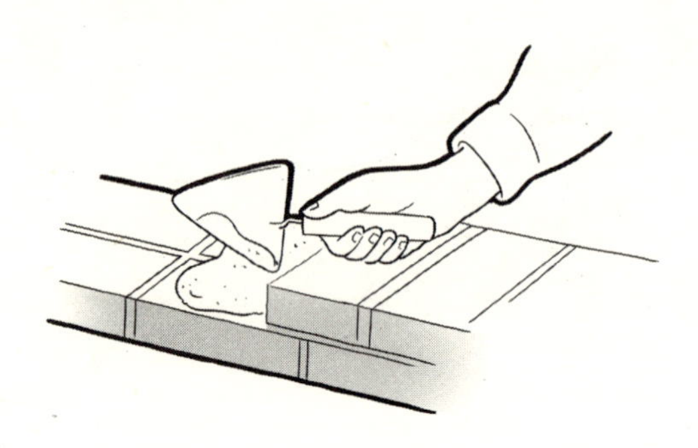

丁砖反手甩浆示意图

（6）条砖揉灰刮浆

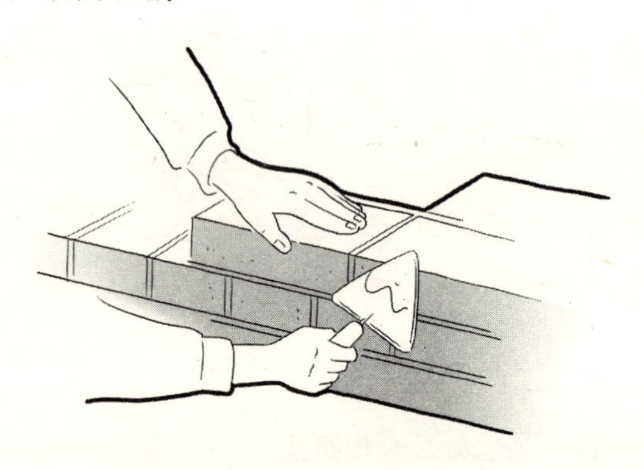

条砖揉灰刮浆示意图

7．二三八一操作法

就是将使用大铲砌砖的多个动作科学化、合理化，把砌筑的方法归纳为：二种步法、三种弯腰姿势、八种铺灰方法、一种挤浆动作，可以提高工效，且不易疲劳。

（1）三种弯腰姿势

交替变换可以使腰部肌肉交替活动，减轻劳动强度。

1）侧身弯腰

侧身弯腰示意图

2）丁字步弯腰

丁字步弯腰示意图

3）并列步弯腰

并列步弯腰示意图

（2）几种铺灰手法

1）甩法铺灰：砌条砖“甩”法铺灰动作分解，是砌筑方法中的基本手法。

①

②

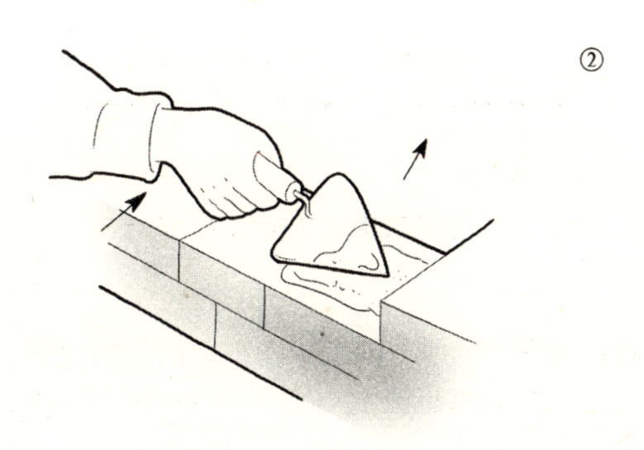

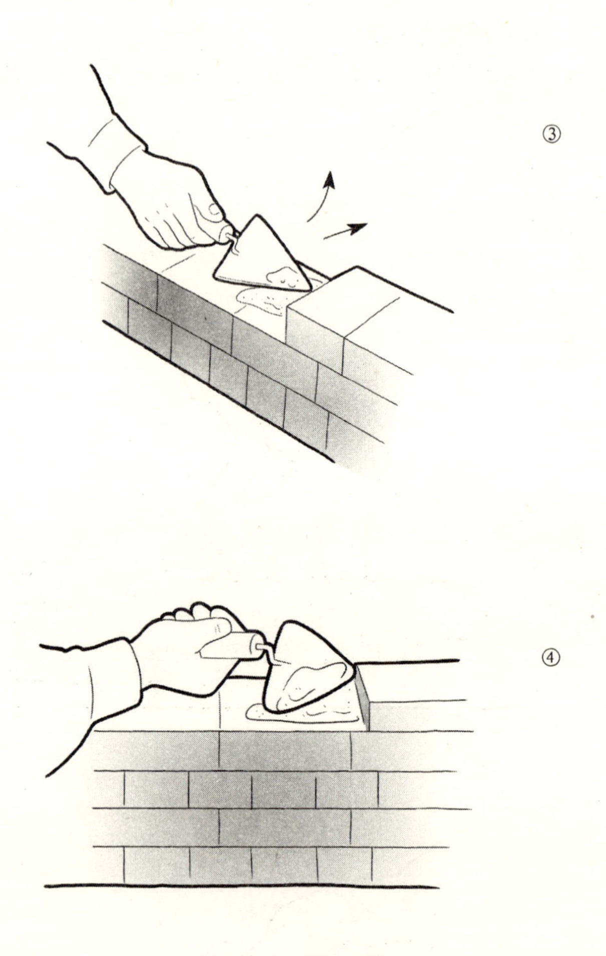

砌条砖甩法铺灰动作示意图

2）扣法铺灰：适用于砌近身和较高部位的墙体，人站成并列步，铲灰时，以后脚足跟为轴心转向灰斗，转过身来反铲扣出灰条，也称为反甩法。

扣法铺灰示意图

3）泼法铺灰：适用于砌近身部位及身体后部的墙体，用大铲铲取扁平状的灰条，提到砌筑面上，将铲面翻转，手柄在前，均匀向前推进泼出灰条。

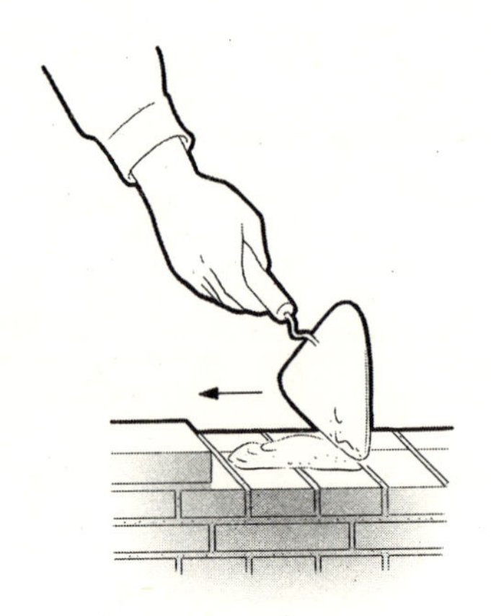

泼法铺灰示意图

4）砌里丁砖的三种手法

①砌里丁砖的溜法：适用于砌一砖半墙的里丁砖。

砌里丁砖溜法铺灰示意图

砌里丁砖溜法铺灰示意图

②砌丁砖的扣法：铲灰条时要求做到前部略低，扣到砖面。

砌丁砖扣法铺灰示意图（一）

砌丁砖扣法铺灰示意图（二）

③砌外丁砖的泼法：大铲铲取扁平状的灰条，泼灰时落点向里移一点，可以避免反面刮浆动作。

砌外丁砖泼法铺灰示意图（一）

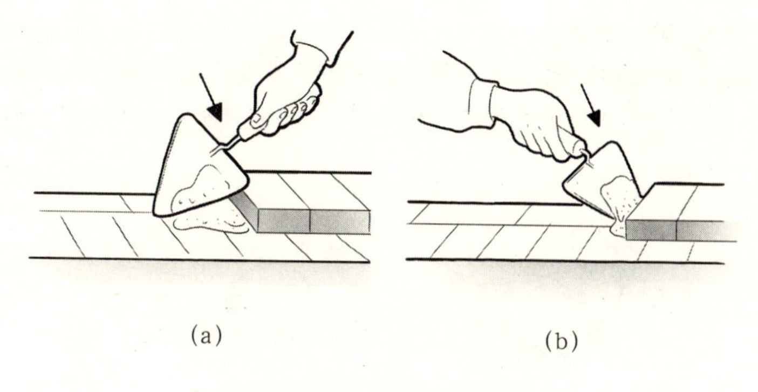

砌外丁砖泼法铺灰示意图（二）

（a）平拉反泼；（b）正泼

（3）砌角砖的手法

砌角砖时，用大铲铲起扁平灰条，提送到墙角部位并与墙边取齐，落灰。

砌角砖溜法铺灰示意图

8. 一带二铺灰法

是利用在砌筑面上铺灰时，将砖的丁头伸入落灰处接打碰头灰。铺灰后要推一下砂浆才可摆砖挤浆，步法上相应变换(用于砌外丁砖)。

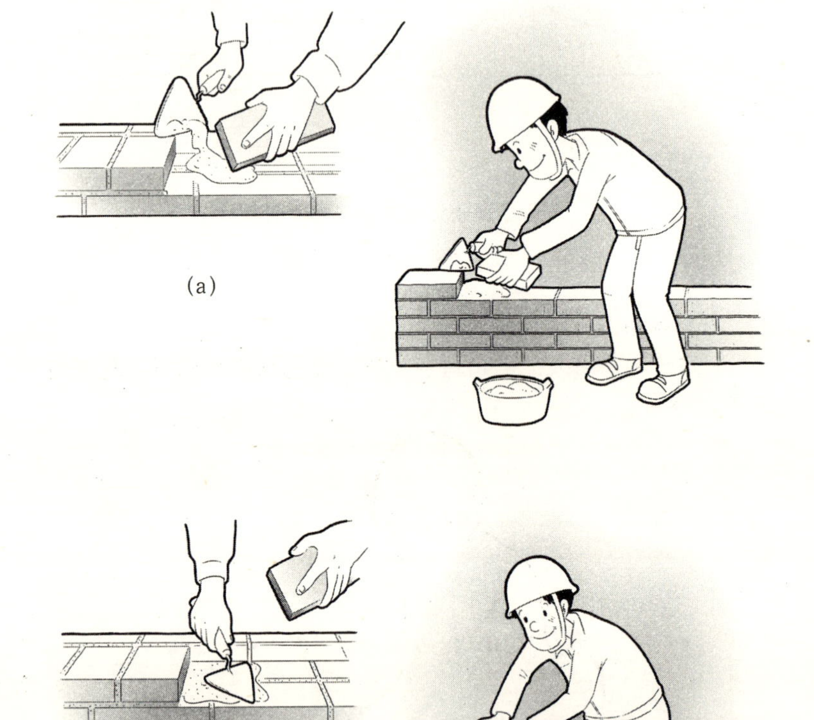

一带二铺灰示意图

(a) 砖丁头接碰头灰；(b) 铺砂浆摆砖挤浆

9.挤浆与刮余浆

铺灰过厚，可用揉搓的办法将过厚的砂浆挤出，应用大铲及时接刮从灰缝中挤出的余浆，刮下的余浆甩入竖缝内或甩回灰斗中。

砌丁砖挤浆、刮余浆示意图

砌外条砖刮余浆示意图

砌条砖刮余浆示意图

余浆甩入碰头缝示意图

铲尖刮砖缝中的余浆图

10.砖基础大放脚组砌方法

基础砌体都砌成台阶形式，叫做大放脚。分为两种：

（1）等高式，每两皮砖收进60mm。

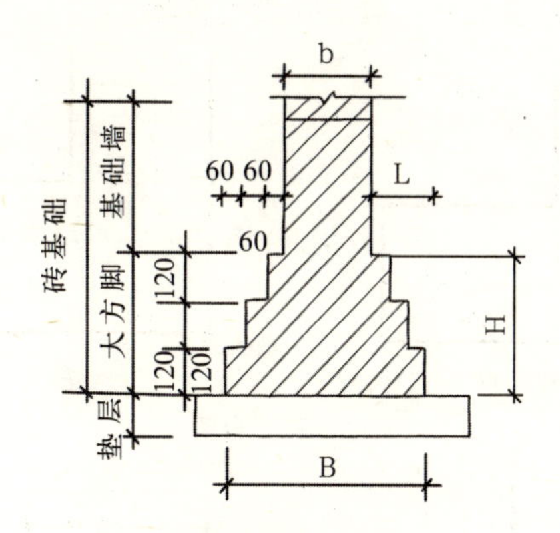

等高式基础示意图

等高式H：L＝2

（2）间歇式，第一台阶两皮砖收进60mm，第二台阶一皮砖收进一次，每边也收进60mm。

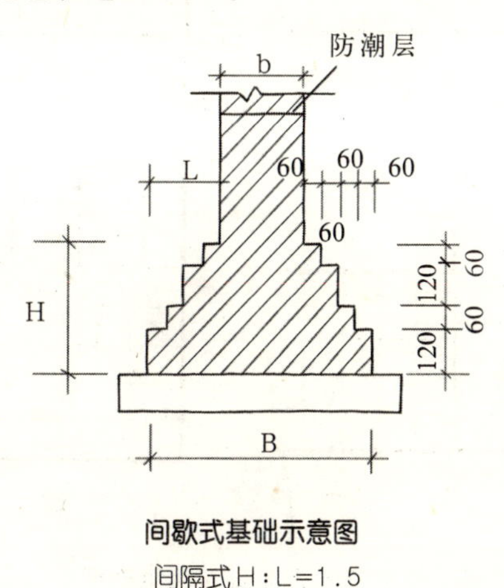

间歇式基础示意图

间隔式H：L=1.5

11. 大放脚组砌方法

一般采用一顺一丁的组砌方式，由于收台阶，组砌时比墙身复杂。

（1）一砖墙身六皮三收等高式大放脚。

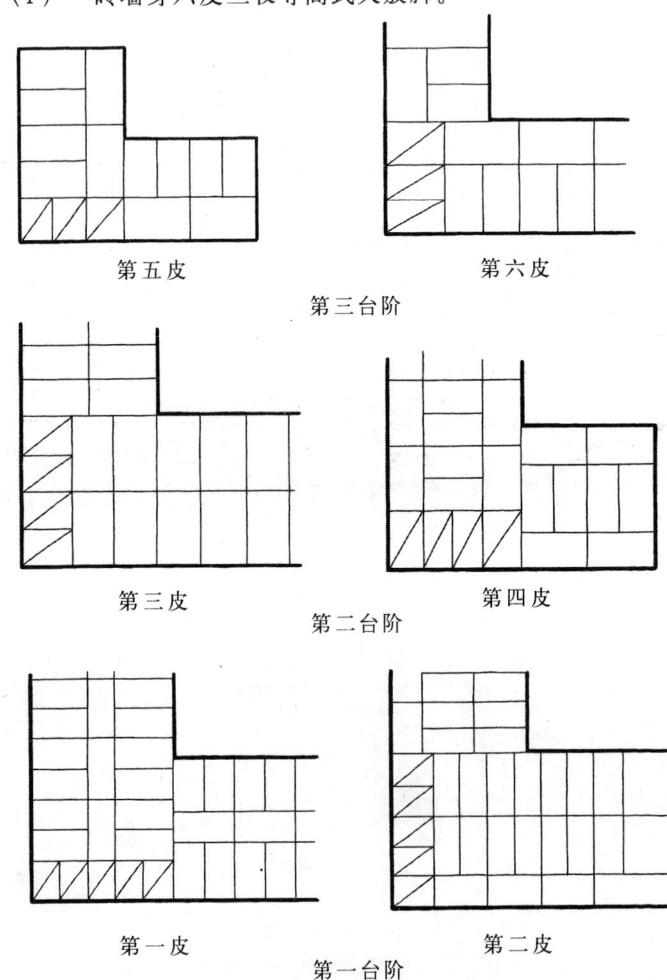

六皮三收大放脚砌砖示意图

（2）一砖墙身六皮四收大放脚。

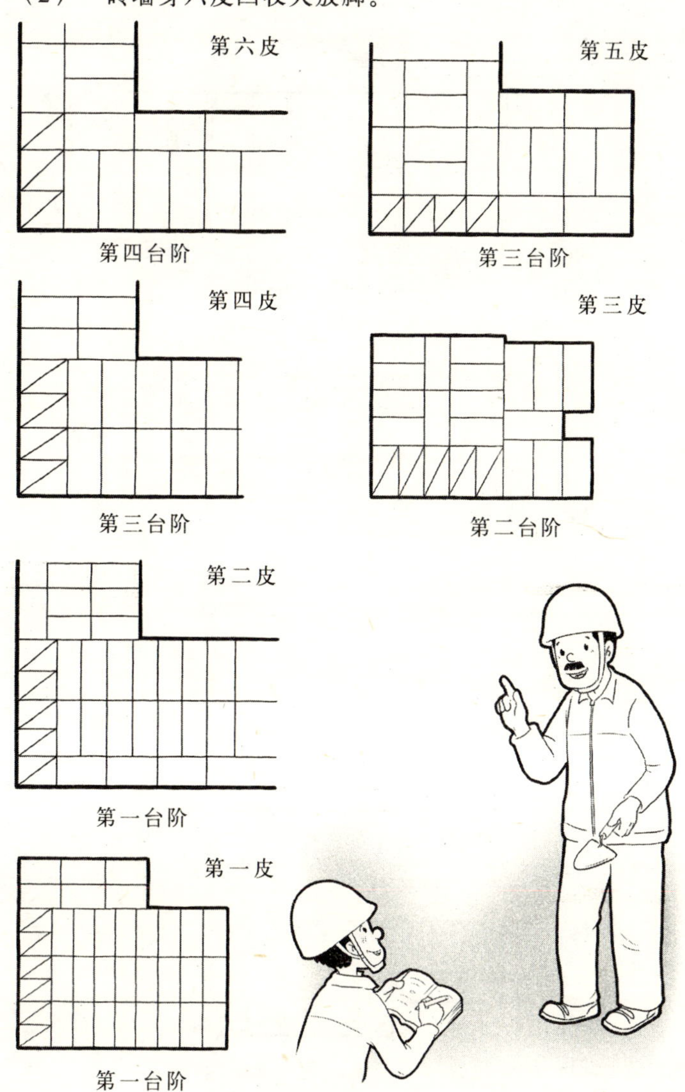

六皮四收大放脚砌砖示意图

（3）一砖墙附一砖半宽、凸出一砖时，四皮两收大放脚步的做法。

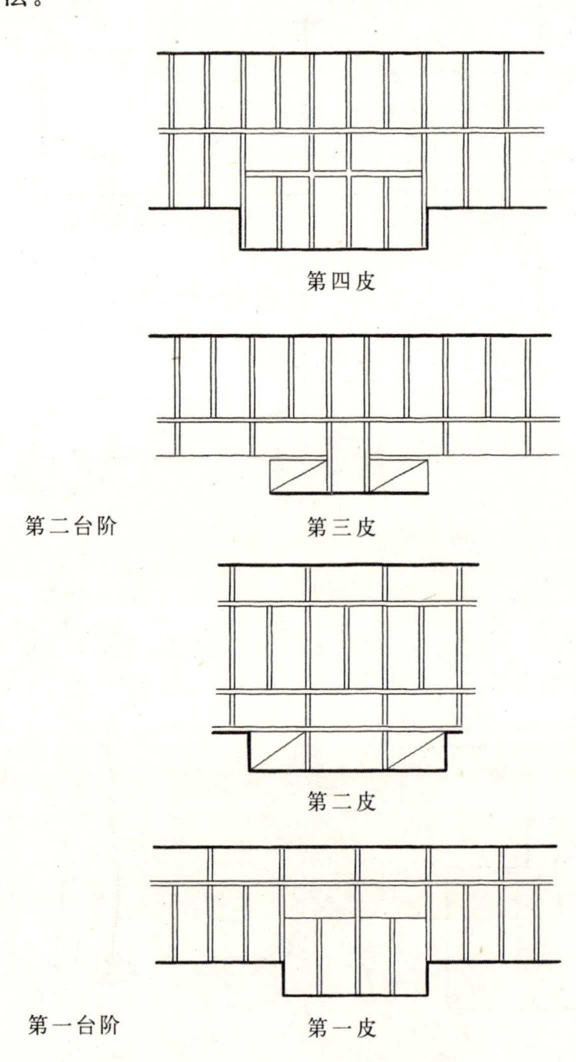

四皮两收大放脚砌砖示意图

（4）一砖独立方柱六皮三收大放脚的做法。

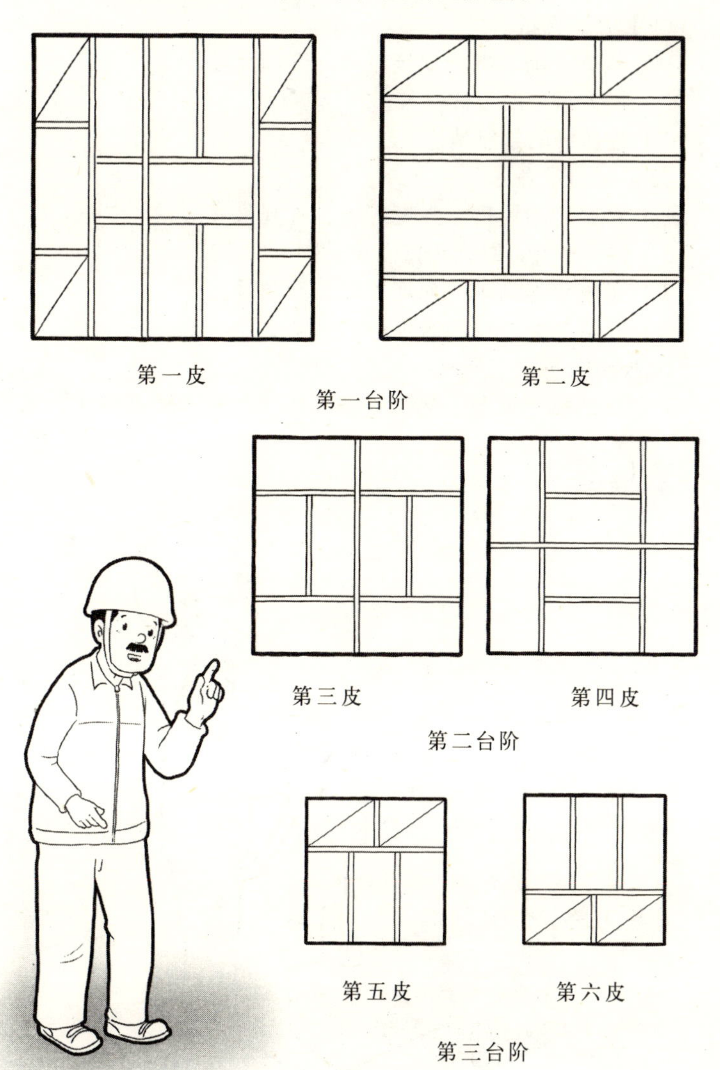

六皮三收大放脚砌砖示意图

12. 砖墙砌筑的准备工作要点

（1）熟悉图纸

1）检查已砌基础和复核轴线与开间尺寸。

2）门窗洞口的放线位置。

3）皮数杆的绘制情况。

（2）材料准备

1）检查砖的规格、强度等级、外观尺寸。

2）砂子过筛，以筛孔直径6～8mm为宜。

3）了解水泥品种、强度等级和储备量。

4）了解其他材料性能规格。

（3）操作准备

1）了解搅拌设备、运输设备、脚手架和运输道路、计量器具等情况。

2）浇砖。

13．砖墙组砌方式

（1）组砌方式很多，实心砖砌体宜采用满顺满丁、一顺一丁、梅花丁、三顺一丁等砌筑形式。

（2）一般可以选用一顺一丁组砌筑形式，如果砖规格不理想，则可以选用梅花丁式。

（3）确定接头方式。采用一顺一丁组砌形式砖墙的 S 接头形式等。

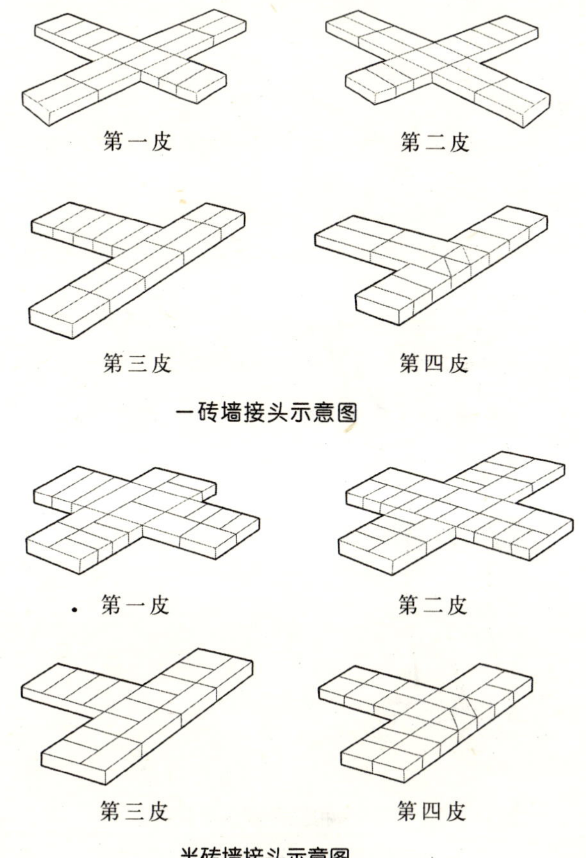

一砖墙接头示意图

半砖墙接头示意图

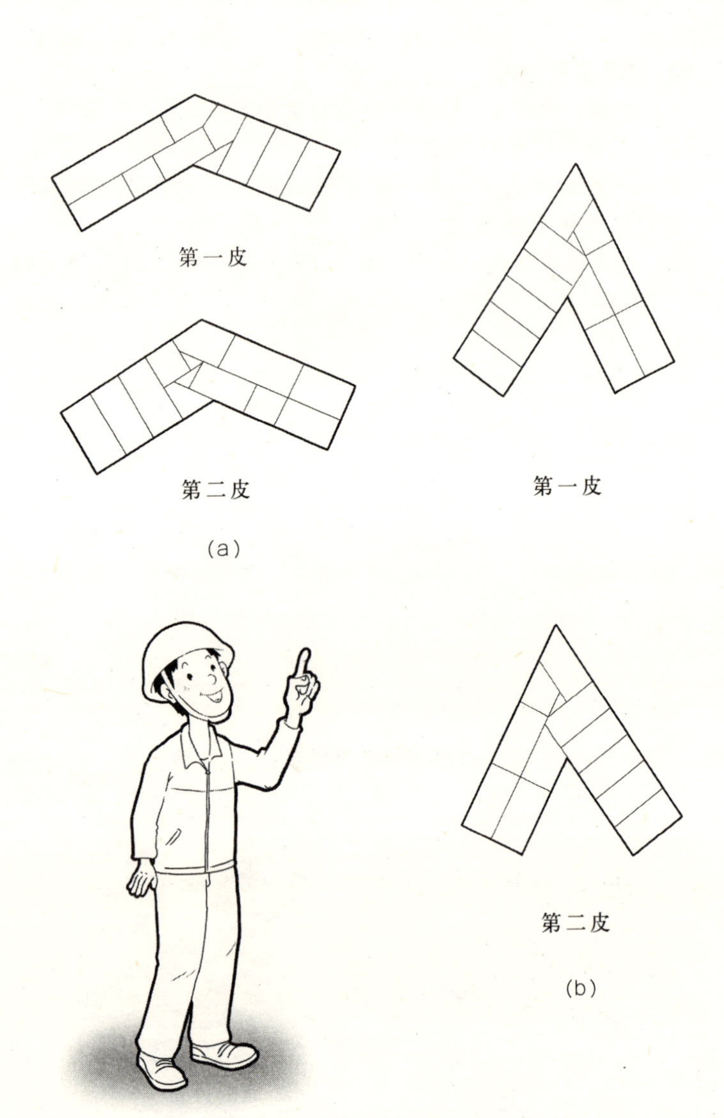

钝角和锐角接头示意图

（a）十字接头；（b）丁字接头

14. 排砖撂底

排砖就是按照基底尺寸线和已定的组砖方式，不用砂浆，把砖在一段长度整个干摆一层，排时要考虑竖缝的宽度（一般砖与砖之间留一食指宽即可），要求山墙摆成丁砖，檐墙摆成顺砖，也就是山丁檐跑。

撂底就是排砖结束后，用砂浆把摆好的砖砌起来。

排砖示意图

15. 墙身砌筑原则

（1）角砖要平，绷线要紧。砌好脚才能挂好线，面线挂好绷紧才能砌好墙。

（2）上灰要准，铺灰要活。只有把灰铺好，才能把砖摆平。

（3）上跟线，下跟棱。跟棱附线是砌平砖的关键。

（4）皮数杆立正立直，同时检查墙体两端的皮数杆是不是在同一个水平面上，以防出现螺丝墙，随时注意皮数杆的垂直度。

16. 砌砖盘角

盘角就是在房屋的转角、大角处砌好墙角。砌墙是从盘角开始，盘角的技术水平较高。

（1）每次盘角的高度不超过5皮砖，用线坠吊直检查。

（2）盘角时必须对照皮数杆，控制砖层上口高度，一般做法是比皮杆数低5～10mm。

（3）5皮砖盘好后，两端要拉通线检查，槎口有否抬头和低头，核对皮数，严禁出现错层。

砌砖盘角示意图

17．砌砖挂线

砌筑砖墙必须拉通线，砌一砖半以上的墙必须双面挂线，砌筑主要依靠准线控制平直度。

（1）外墙大放脚挂线：用线拴上半截砖头，挂在大角砖缝里，用直径1mm 的别线棍，在大角外2～4mm 处别住。

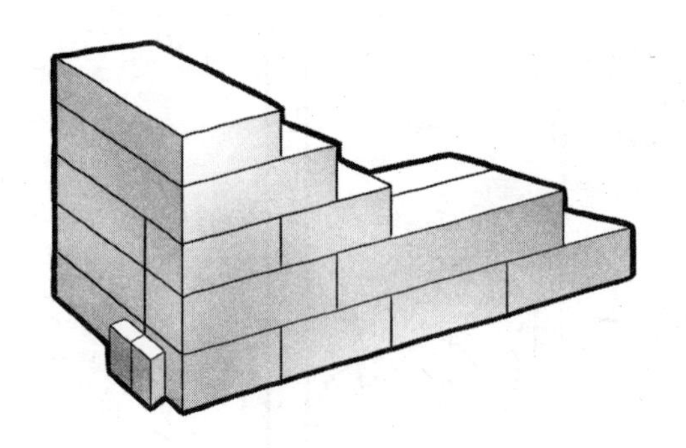

大角挂线示意图

（2）挑线：当墙面比较长，挂线长度超过20m，要在墙身中间砌上一块挑出3～4cm的腰线砖，托住准线，保持平直，用砖压住。

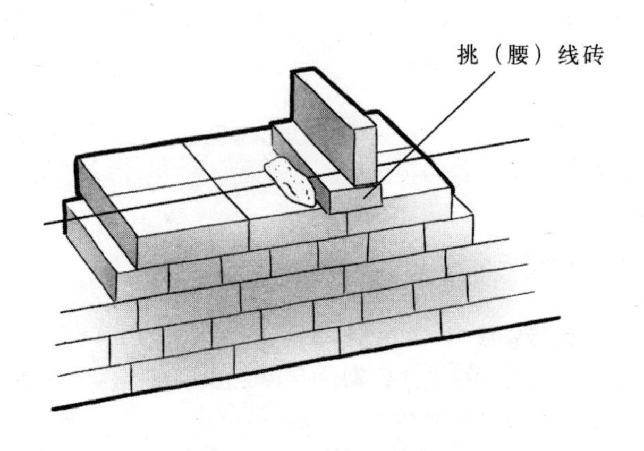

挑线示意图

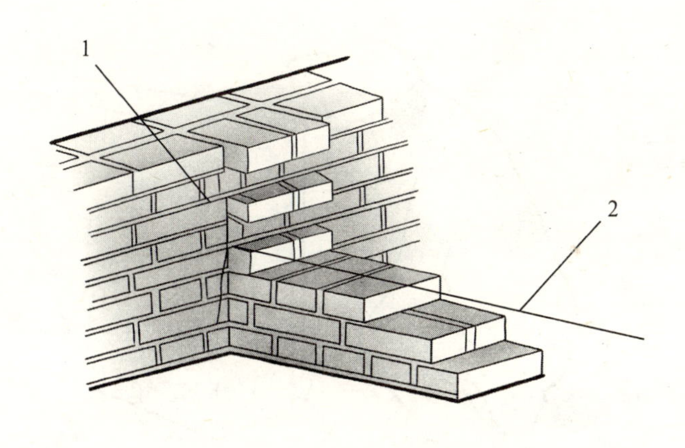

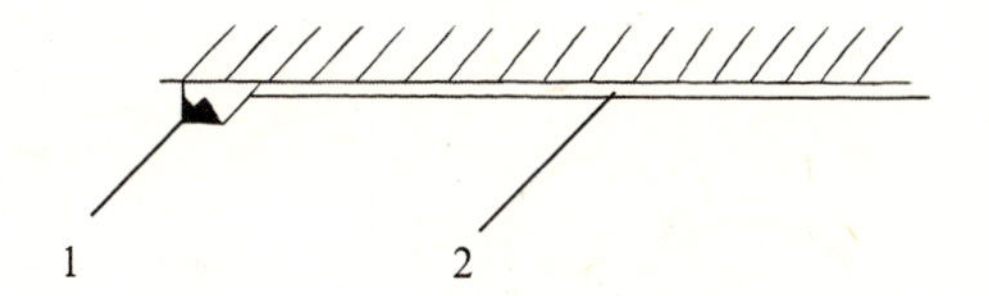

内墙挂准线示意图

1—立线；2—准线

18．外墙大角的砌法

大角1 m 范围内要挑选好的砖砌。在大角处用的七分头一定要棱角方正，尺寸正确，先砌3～5 皮砖，用方尺检查其方正度，用线坠检查垂直度。砌到1 m 高时，使用托线板认真检查大角垂直度。

检查大角垂直度示意图

检查大脚水平度示意图

19. 门窗洞处的砌法

（1）先立门框。砖墙离门框边 3mm，不能挤压门框。门框与砖墙用盖泥砖拉结。

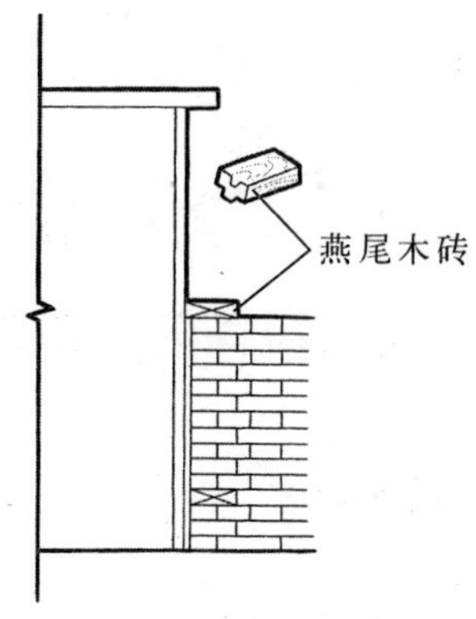

先立门框木砖放法示意图

（2）后立门框。要按弹好的门框墨斗线砌筑，并根据门框高度安放木砖，一般高 2.1m 以下门口放 3 块，高 2.1m 以上门口放 4 块，下边第二块应在安门锁的位置附近。

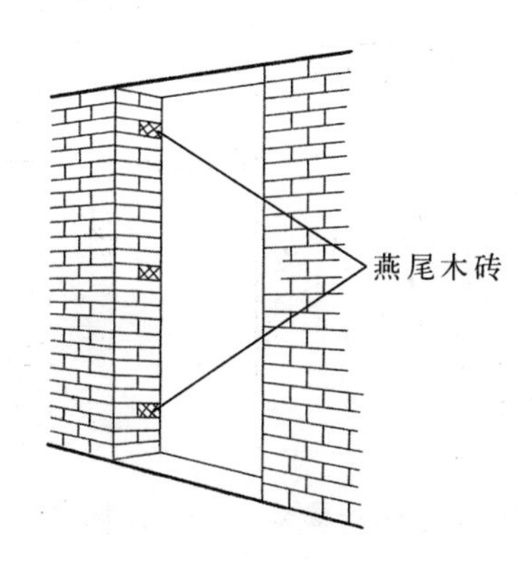

后安门框洞口木砖放法示意图（一）

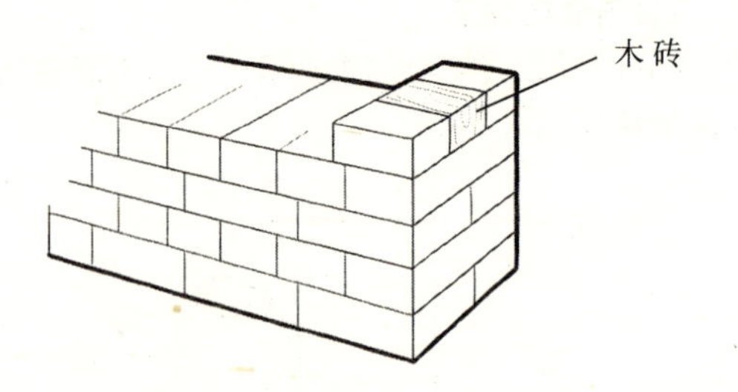

后安门框洞口木砖放法示意图（二）

20.门窗洞口砖旋的砌法

(1) 窗台砌筑

窗台有出平砖和出虎头砖两种。

1）出平砖是出60mm平砖，在窗台标高下一皮时，两端先砌2～3块挑砖，将准线移到挑砖口上，中间依准线砌挑砖。

2）出虎头砖是出120mm高侧砖。一般用在清水墙，要注意选好砖，竖缝要披足嵌严，并且向外坡出20mm泛水。

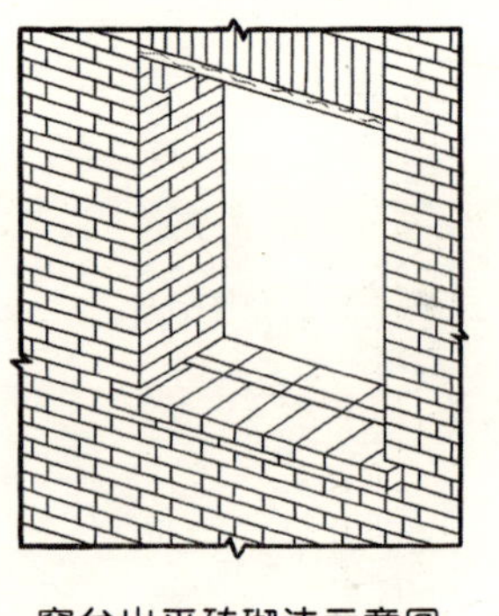

窗台出平砖砌法示意图

窗台出虎头砖砌法示意图

（2）拱旋的砌筑方法

当门窗口宽度较小，荷载较轻，可采用此方法。

1）平旋砌砖

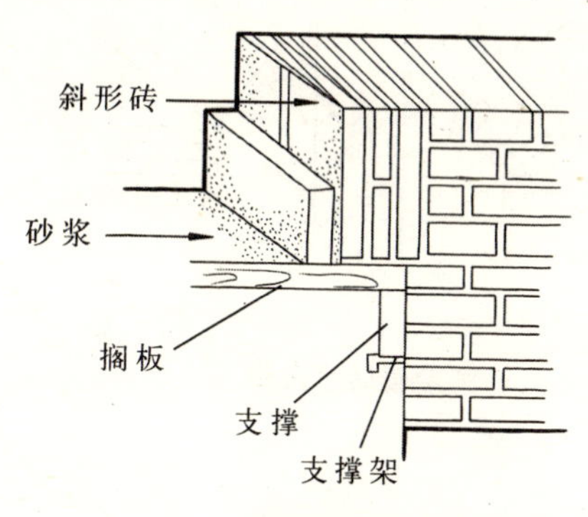

平旋砌砖示意图

2）平旋砌砖形式

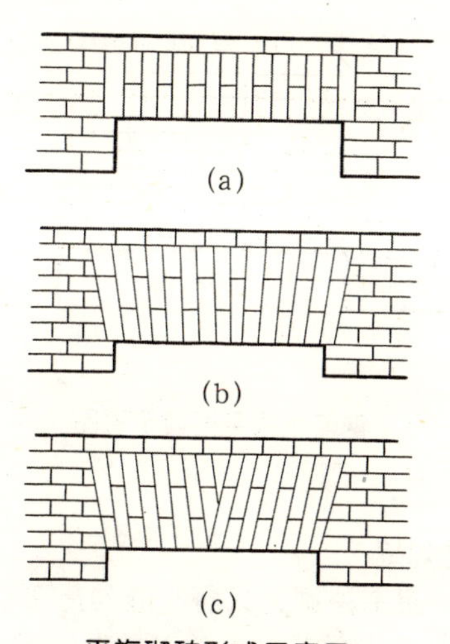

平旋砌砖形式示意图

（a）立砖；（b）斜形砖；（c）插入式

3）弧旋砌砖

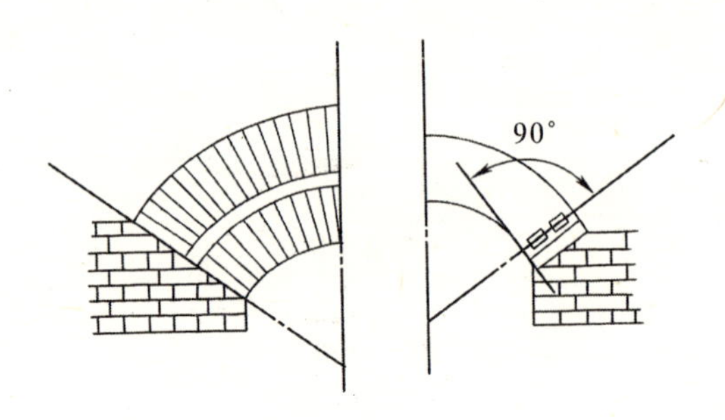

弧旋砌砖示意图

4）钢筋过梁平砌砖

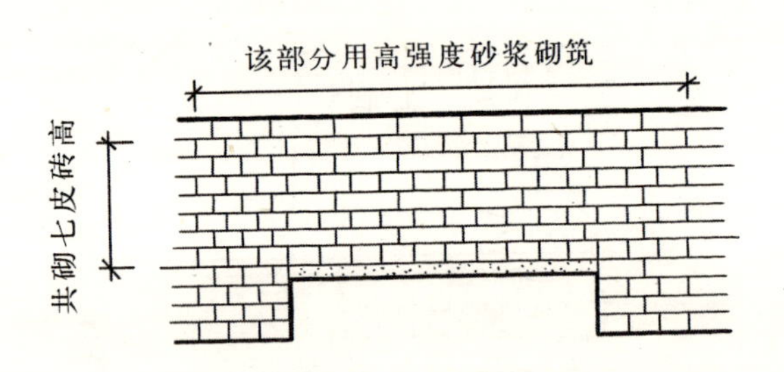

钢筋过梁平砌砖示意图

21．清水墙的勾缝

清水墙就是外面不粉刷，只将灰缝勾严实，勾缝前一天将墙面浇水湿透，勾缝的顺序是从上而下，先勾横缝，后勾竖缝。勾完一段后，用溜子在砖缝内溜压密实平整，深浅一致。

(a) (b)

勾缝操作示意图

（a）勾横缝；（b）勾竖缝

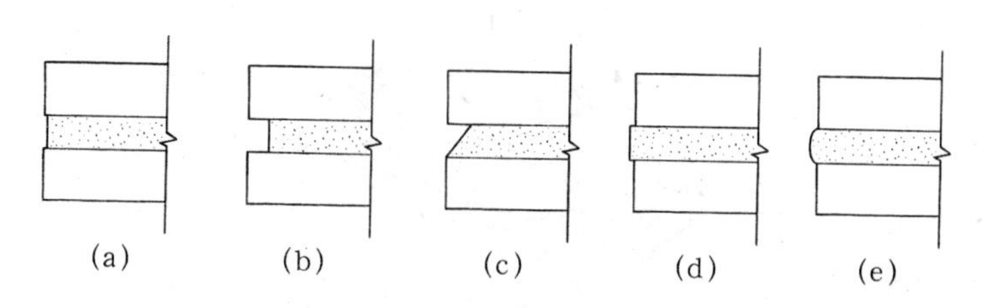

勾缝形式示意图

（a）平缝；（b）凹缝；（c）斜缝；（d）矩形凸缝；（e）半圆形凸缝

22. 空斗墙的构造

空斗墙是用普通砖经平砌和侧砌相结合，砌筑成有空斗间隔的墙体。适合三层以下的民用建筑、单层仓库和食堂等。墙体由于砖的不同组合，分为一眠一斗、一眠二斗、一眠多斗、无眠空斗几大类的组砌形式。

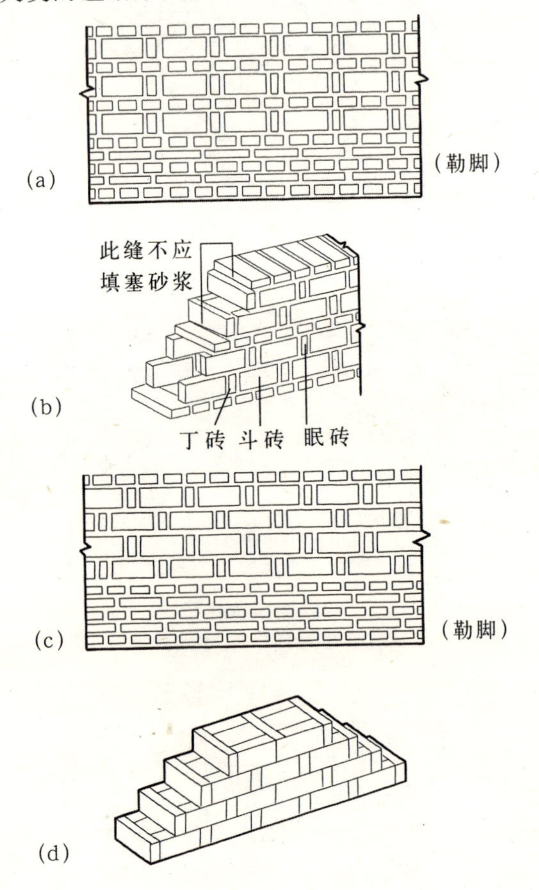

空斗墙形式示意图

(a) 一眠一斗；(b) 一眠二斗；(c) 一眠多斗；(d) 无眠空斗

23. 空斗墙的砌筑

（1）砌筑宜采用满刀灰法。

（2）盘大角不超过三皮斗砖为宜，随时检查垂直度。

（3）内外墙要同时砌筑不宜留槎。附墙砖垛必须与墙身同时砌筑。

（4）空斗内不得填砂浆，墙面不应有竖通缝。

（5）砂浆强度不低于M2.5，加强结合部位强度。

（6）垂直受力部位宜采用实心墙体。

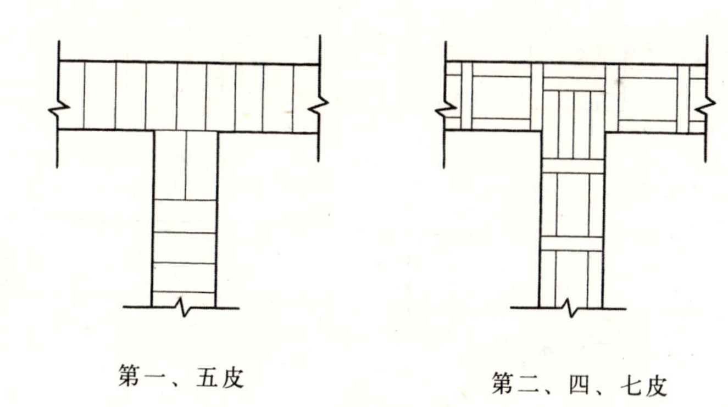

第一、五皮　　　　第二、四、七皮

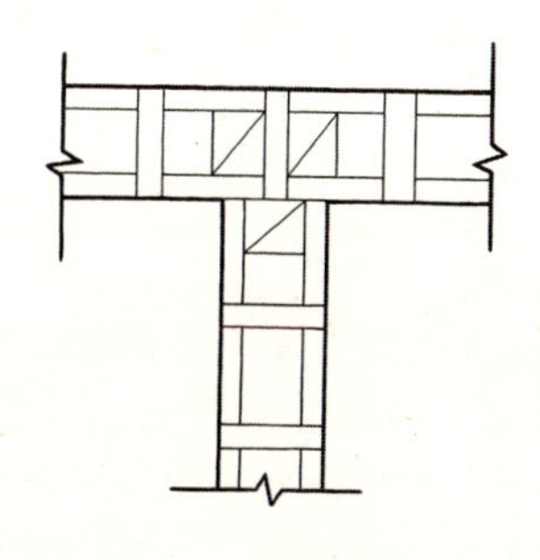

第三、六、八皮

空斗墙丁字交接示意图

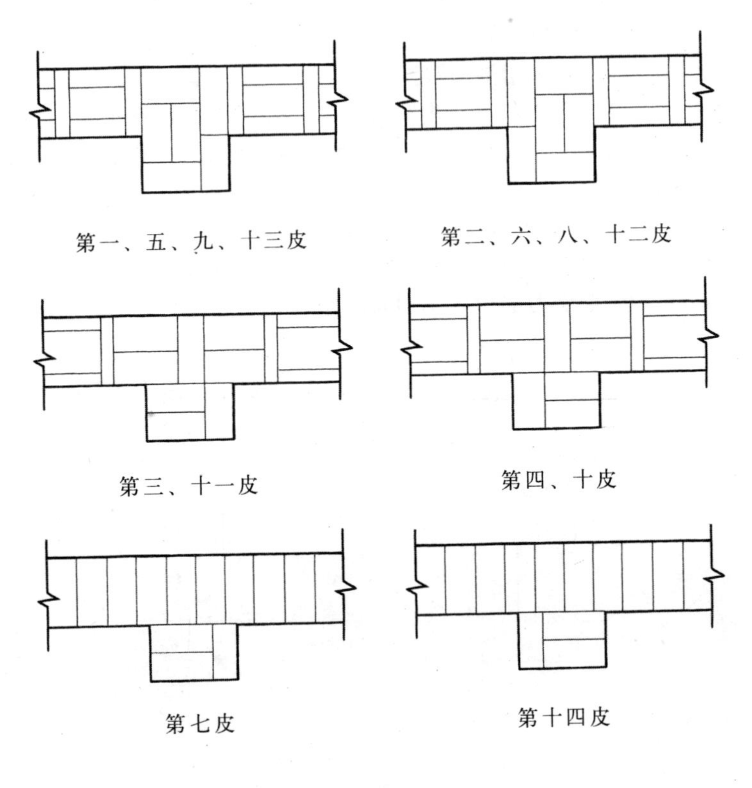

空斗墙附砖垛示意图

24. 空心砖墙砌筑

空心砖指含有多个孔洞的砖，主要原料为黏土、页岩、煤矸石、粉煤灰、陶粒等。分多孔砖和大孔空心砖等。

（1）空心砖较厚，砌筑时要上跟线、下对楞。

（2）大角处及丁字墙交接处，应加半砖使灰缝错开。

（3）盘砌大角不宜超过三皮砖，不得留槎。

（4）必要处砌实心砖。

（5）空心砌块转角应设芯柱，侧面预留孔开用开口砌块。

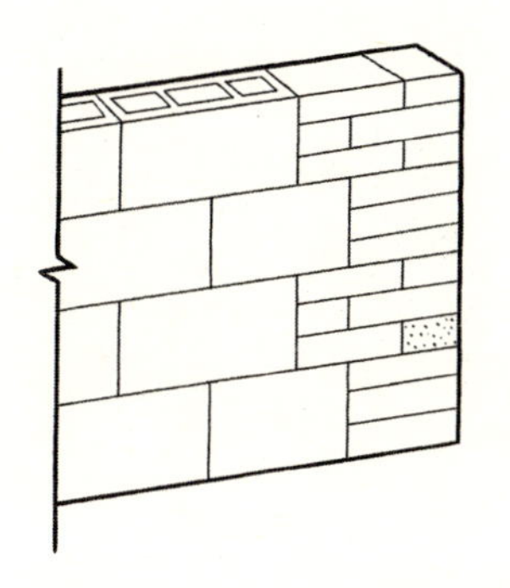

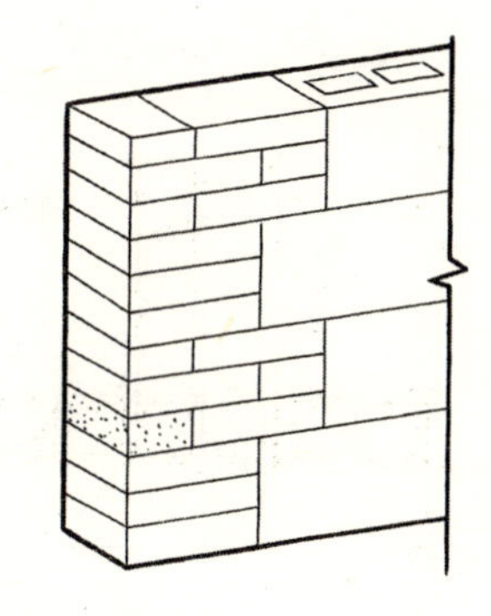

门窗口边砌筑实心砖示意图

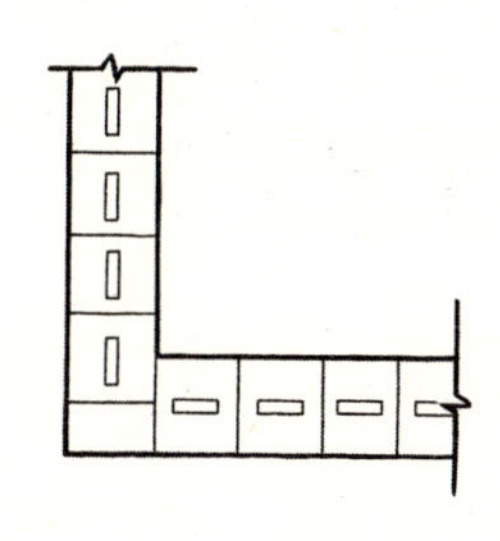

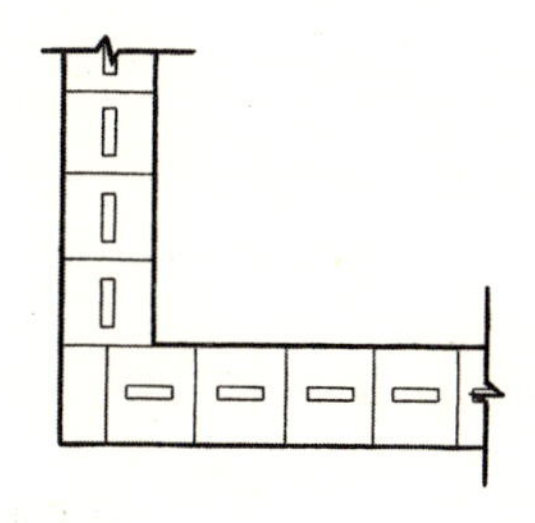

(a)

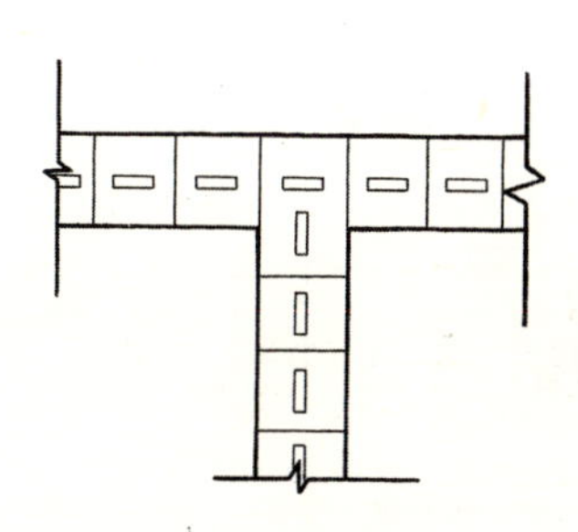

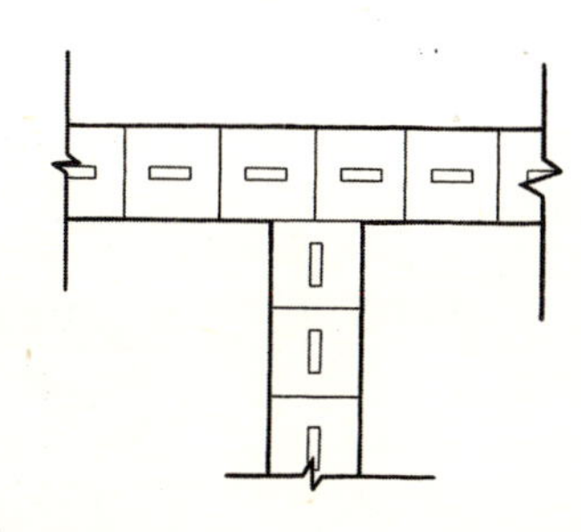

(b)

空心砖转角砌筑示意图

(a) 转角交换；(b) 丁字交接

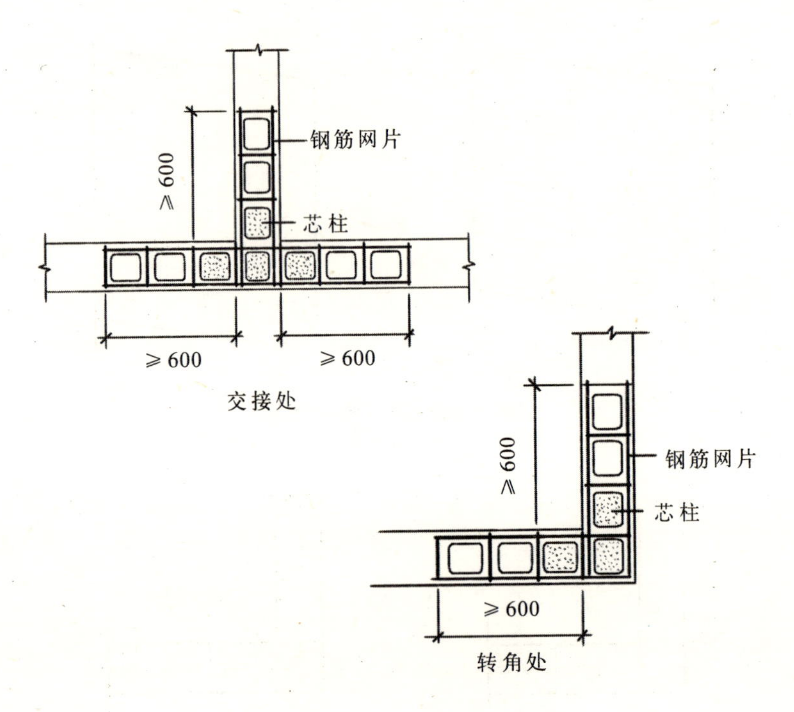

钢筋混凝土芯柱处拉筋

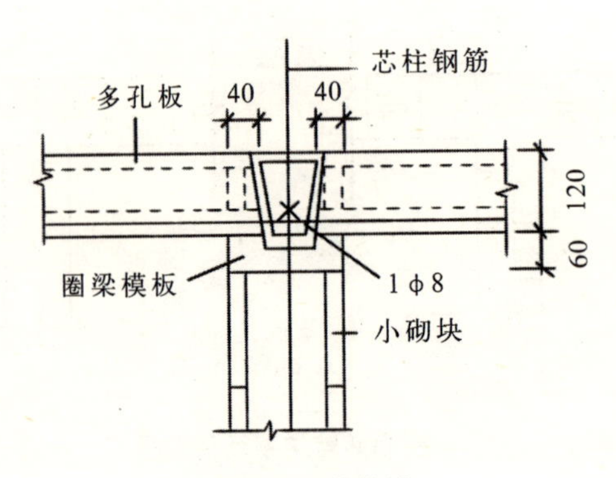

芯柱贯穿楼板的构造

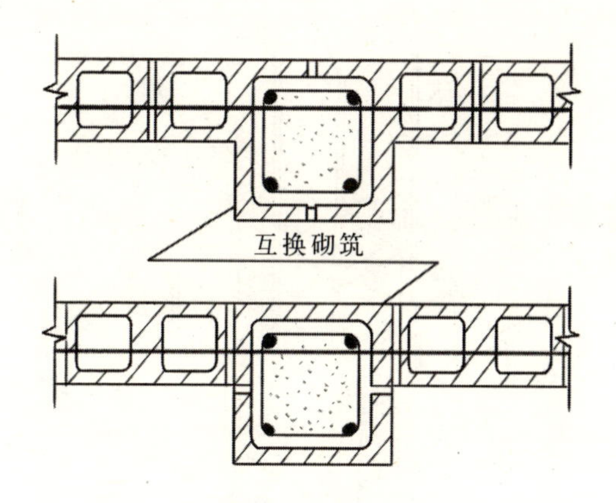

异形砌块组砌的壁柱

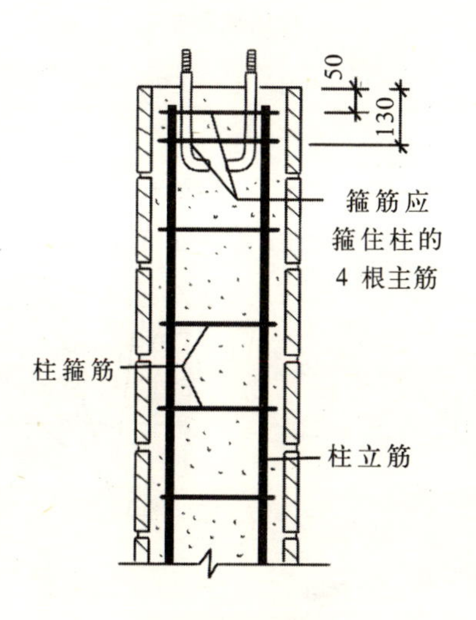

柱顶锚栓的箍筋

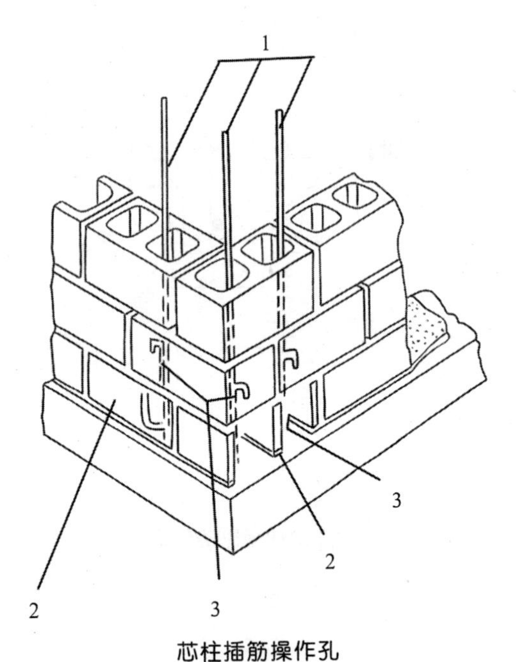

芯柱插筋操作孔

1－芯柱插筋；2－开口砌块；3－竖向插筋绑扎

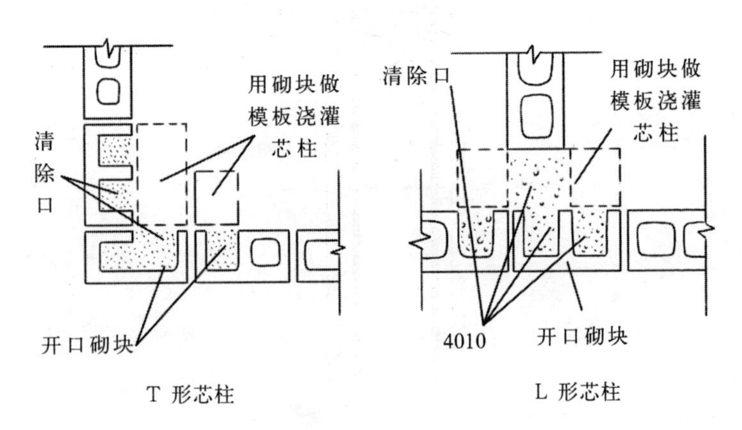

芯柱插筋和操作孔示意图

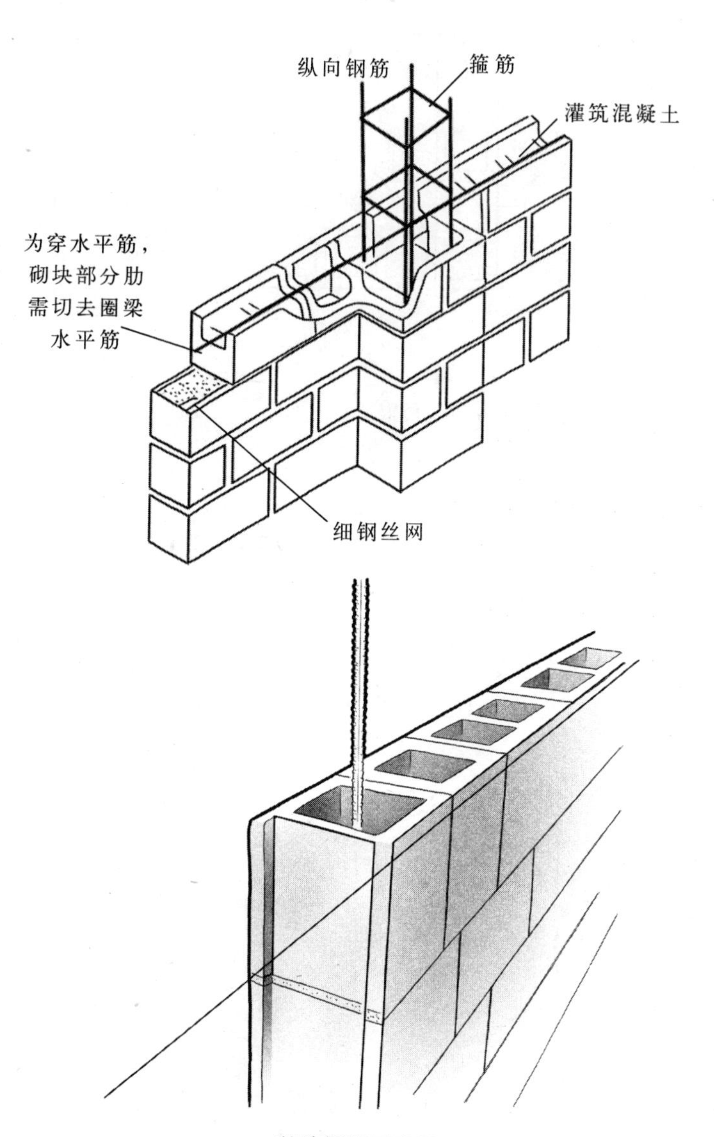

芯柱插筋示意图

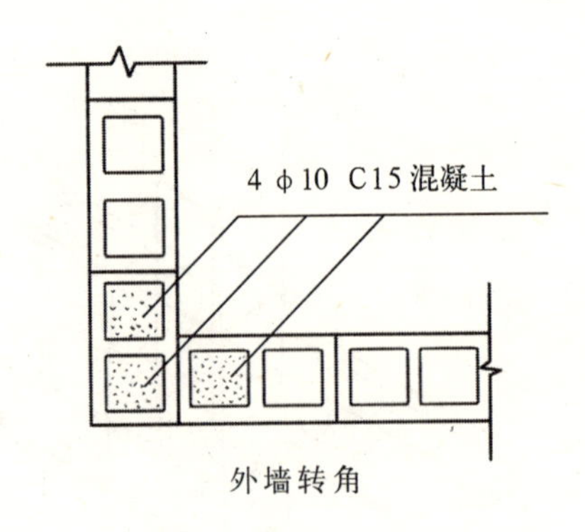

外墙转角

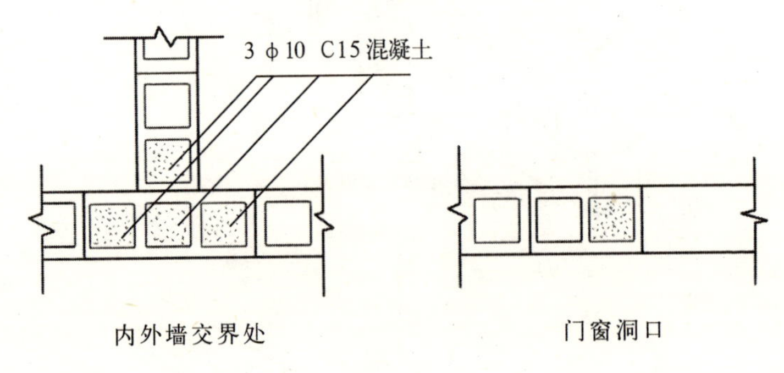

内外墙交界处

门窗洞口

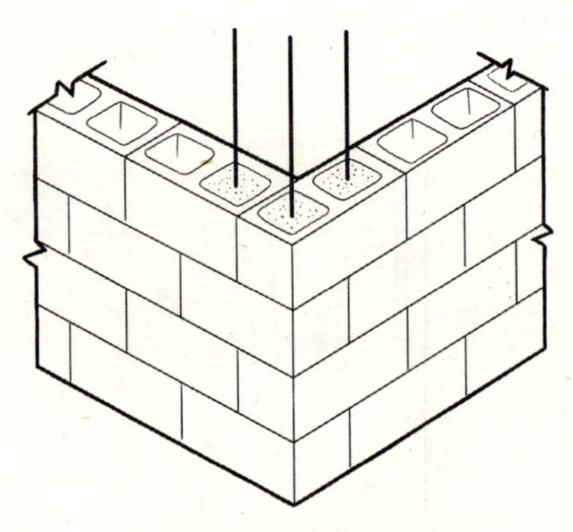

芯柱插筋和灌筑混凝土示意图

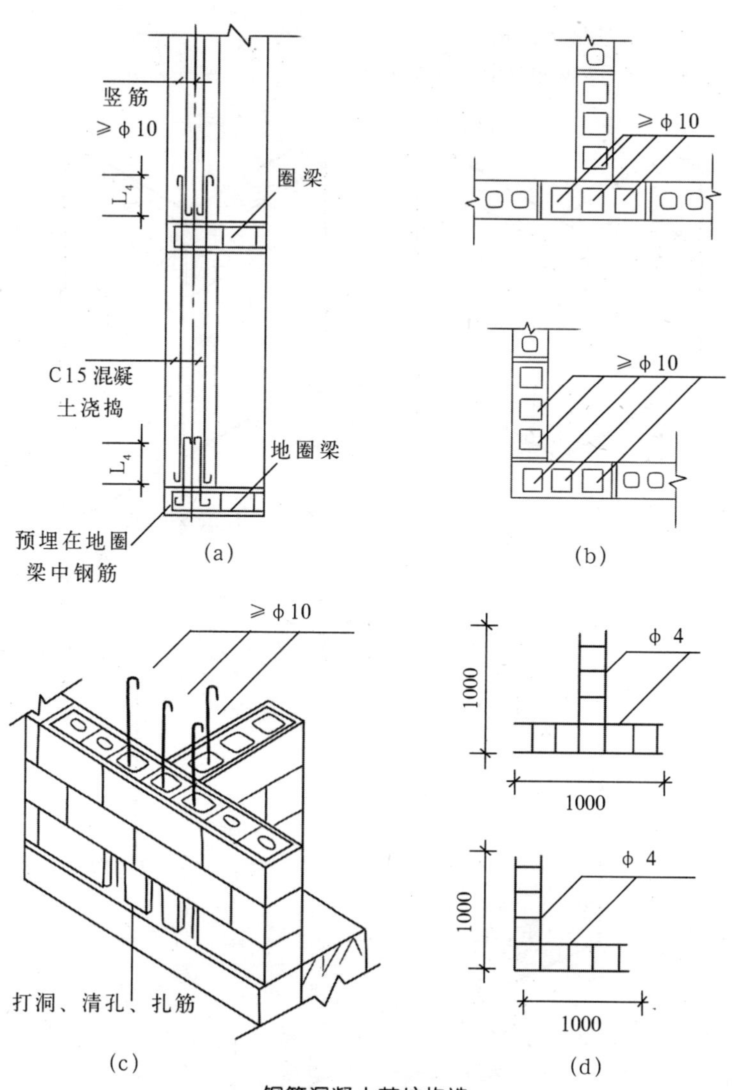

钢筋混凝土芯柱构造

（a）纵向钢筋构造；（b）转角与丁字墙芯柱平面；

（c）丁字墙芯柱透视；（d）钢筋网片

25. 砌块墙的砌筑

(1) 粉煤灰加气混凝土砌块的组砌方法。

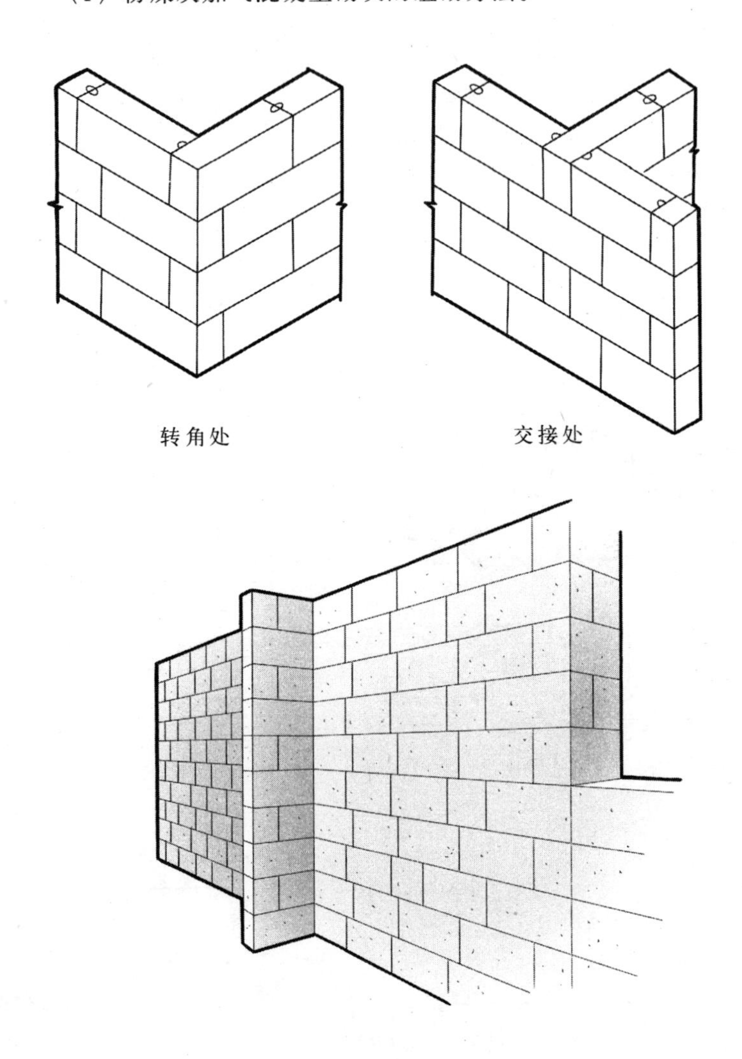

砌块墙示意图

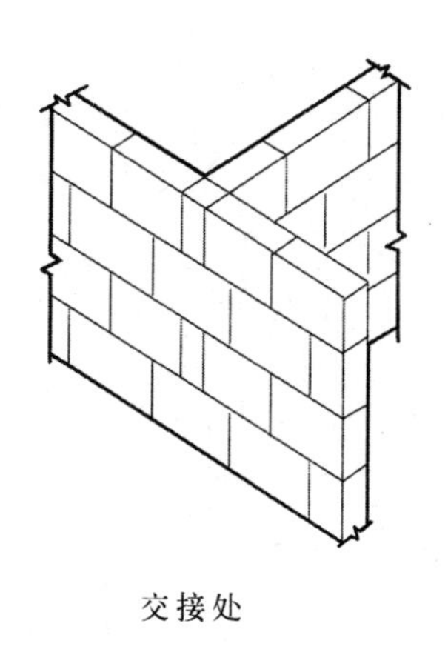

交接处

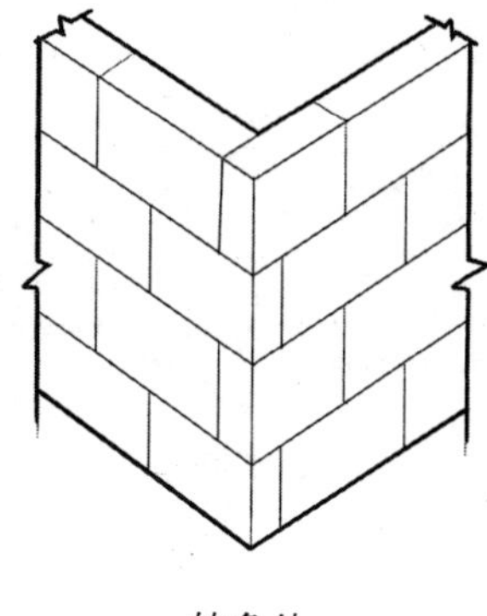

转角处

砌块墙砌筑示意图

（2）陶粒空心砌块的组砌方法。

组砌方法示意图

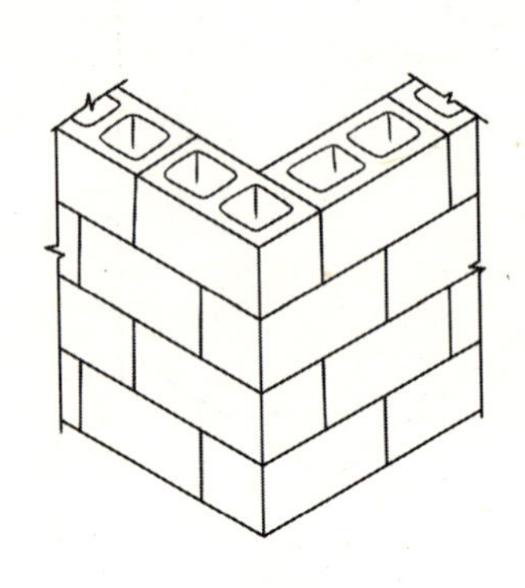

转角处

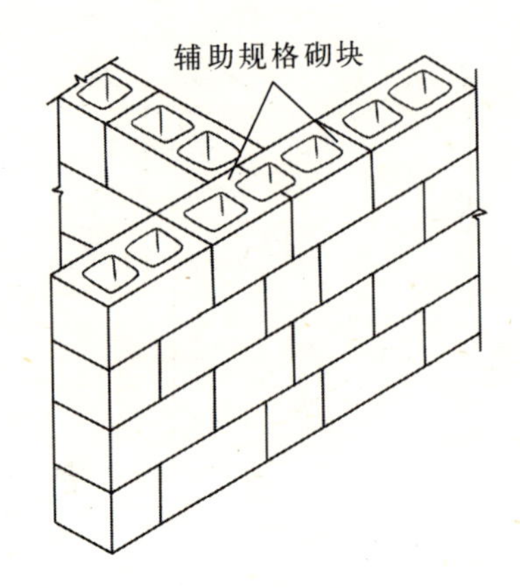

交接处

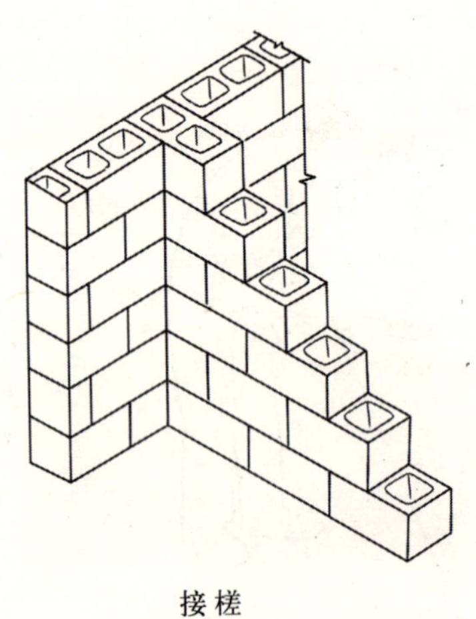

接槎

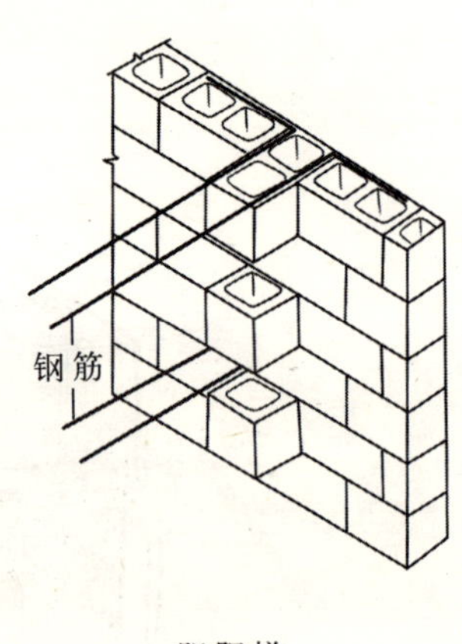

阴阳槎

组砌方法细部示意图

注：墙体不允许留水平、垂直沟槽